高职高专计算机类专业系列教材

U0159710

3ds 三维制作基础实例教程

主　编　陈爱群　张　敏

副主编　孔　岚　徐子微

西安电子科技大学出版社

内 容 简 介

本书通过 64 个实用案例详细讲解了利用 3ds Max 2020 软件进行三维动画制作的基本方法与技巧,可使读者清楚"学"与"用"的关系,从而做到学以致用。本书主要内容包括二维样条曲线的创建与编辑、基本几何体和扩展几何体的创建方法、常用编辑修改器的使用方法、复合物体的创建和编辑方法、灯光环境与摄像机的设置方法、材质与贴图的设置、简单动画的制作方法等。

本书可作为高等职业院校计算机类专业学生的教材,同时也可作为 3ds Max 操作员及"1+X"数字创意建模职业技能等级的考证用书以及三维动画设计人员的参考书。

图书在版编目(CIP)数据

3ds 三维制作基础实例教程 / 陈爱群,张敏主编. —西安:西安电子科技大学出版社,2023.2
ISBN 978-7-5606-6792-8

Ⅰ. ①3… Ⅱ. ①陈… ②张… Ⅲ. ①三维动画软件—教材 Ⅳ. ①TP391.414

中国国家版本馆 CIP 数据核字(2023)第 009746 号

策　　划　陈　婷
责任编辑　陈　婷
出版发行　西安电子科技大学出版社(西安市太白南路 2 号)
电　　话　(029) 88202421　88201467　　　　邮　　编　710071
网　　址　www.xduph.com　　　　　　　电子邮箱　xdupfxb001@163.com
经　　销　新华书店
印刷单位　广东虎彩云印刷有限公司
版　　次　2023 年 2 月第 1 版　　2023 年 2 月第 1 次印刷
开　　本　787 毫米×1092 毫米　1/16　印张 17.5
字　　数　414 千字
定　　价　45.00 元
ISBN　978-7-5606-6792-8 / TP
XDUP 7094001-1
如有印装问题可调换

前　言

本书以 3ds Max 2020 软件为操作平台，以设计要求→设计过程的形式系统全面地介绍了 3ds Max 2020 的基本功能操作与实际应用技术，包含了制作三维模型、制作材质与贴图、创建灯光与摄像机、渲染以及制作三维动画等相关知识，采用案例教学模式，由浅至深，循序渐近，对案例的重点和难点进行了精细的解析。本书列举了 64 个浅显易懂的小案例，不管读者是从未使用过 3ds Max 软件的新手，还是曾经用过其他 3ds Max 版本的用户，只要具有最基本的计算机操作知识，都能轻松地学习本书所讲解的 3ds Max 基本知识，快速掌握 3ds Max 2020 的基本操作和建模、动画制作技巧，并能够顺利通过相关的职业技能考核。

本书具有注重基础、重点突出、结构紧凑、通俗易懂、操作步骤详细等特点，充分体现"教学做合一"的教学理念。本书案例由浅入深，涉及的知识和技能非常多，而且具有一定的代表性，可以有效地帮助读者快速提高三维建模与动画制作水平。

本书由陈爱群和张敏担任主编，陈爱群负责全书的策划与统稿。本书共分为 8 个模块。其中，模块 1 介绍了二维图形编辑方法，由陈爱群编写；模块 2 介绍了基础建模方法，由陈爱群编写；模块 3 介绍了使用编辑修改器命令进行物体高级建模的方法，由陈爱群编写；模块 4 介绍了三维放样复合物体的三维建模方法，由陈爱群编写；模块 5 介绍了灯光、摄像机的创建与设置方法，由徐子微编写；模块 6 介绍了基本材质与贴图的设置方法，由孔岚编写；模块 7 介绍了复合材质与贴图的使用方法，由陈爱群编写；模块 8 介绍了三维动画的基础知识与简单动画的制作方法，由张敏编写。

本书对应的课程为湖南省 2016 年名师空间课堂课程，2019 年被认定为湖南省精品在线开放课程。

如读者需要案例素材及课件，可通过电子信箱 378663308@qq.com 与作者联系，或登录出版社官网(www.xduph.com)下载。

编　者

2022 年 11 月

目　　录

模块 1　二维图形编辑

　　二维图形编辑指的是使用样条线菜单来创建二维形状。样条线的对象类型包括线、圆、螺旋线、文本等，如图 1-0-1 所示。

图 1-0-1　创建二维图形

　　样条线对象类型各按钮的作用如下。

　　线：创建由多段组成的自由形式样条。

　　矩形：创建方形样条曲线和矩形。

　　圆：创建由 4 个顶点组成的闭合圆形样条曲线。

　　椭圆：创建椭圆和圆形样条曲线。

　　弧：创建由 4 个顶点组成的开圆和闭合部分圆。

　　圆环：从两个同心圆创建闭合形状，每个圆由四个顶点组成。

　　多边形：创建具有任意数量 N 边或顶点的闭合平边或圆形样条曲线。

　　星形：创建具有任意点数的闭合星形样条，星形样条使用两个半径来设置外点和内部之间的距离。

　　文本：创建文本形状的样条曲线。

　　螺旋线：创建开放的平面或 3D 螺旋或螺旋。

　　卵形：创建鸡蛋形状。

　　截面：创建一种特殊类型的样条曲线，它基于几何对象的横截面切片生成形状。

　　徒手：直接在视口中创建手绘样条曲线。

1.1　显示文本"高新技术"

1. 设计要求

(1) 创建如图 1-1-1 所示的文本，要求字体为华文行楷，大小为 80 mm，字间距为 5 mm，行间距为 20 mm，两端对齐。

(2) 设置图形可渲染，渲染线框径向厚度为 3 mm。

(3) 将图形保存为 800×600 像素的效果图，并将设计结果归档。

图 1-1-1　文本"高新技术"效果图

2. 设计过程

(1) 在 3ds Max 中新建一个文件，第 1 行输入"高新技术"，第 2 行输入拼音"Gaoxin jishu"。选择工作窗口中的前视图，单击右下角的最大化显示图标 ，将整个工作区定为前视图。

(2) 在 3ds Max 窗口右侧区域单击"创建"→"图形图标"，再单击"对象类型"中的"文本"选项。打开"参数"卷展栏，选择"华文行楷"字体，再单击两端对齐图标，设置文字大小为 80 mm、字间距为 5 mm、行间距为 20 mm，如图 1-1-2 所示。

图 1-1-2　创建文本

(3) 在"渲染"卷展栏中勾选"在渲染中启用"和"在视口中启用"选项，渲染线框粗度(即"径向厚度")设为 3 mm，如图 1-1-3 所示。

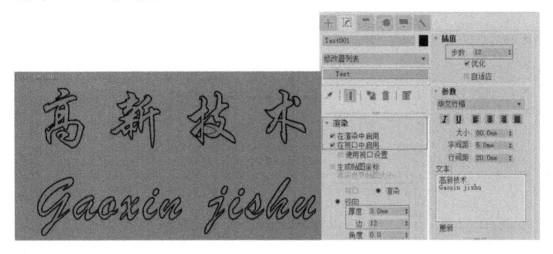

图 1-1-3　设置图形可渲染及线框粗度

(4) 按 F10 键(或单击渲染设置图标，二者功能一致，后面类似问题不再说明)打开"渲染设置"对话框。在"公用"选项卡中选择"时间输出"为"单帧"；"输出大小"为"800×600"像素。单击"渲染"按钮，在渲染窗口中单击"保存"按钮，将效果图保存为 .JPG 后缀的文件，如图 1-1-4 所示。

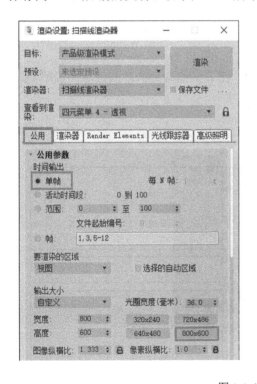

图 1-1-4　保存效果图

(5) 依次单击 3ds Max 2020 窗口左上角的"文件"→"归档"菜单命令，将设计结果归档为 .zip 后缀的压缩文件包，如图 1-1-5 所示。

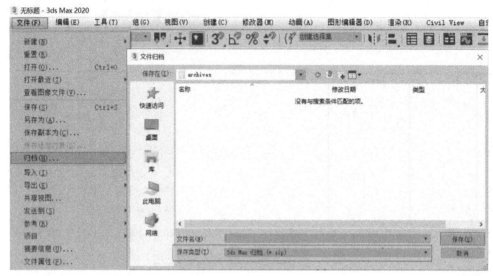

图 1-1-5　源文件归档

1.2　酒　杯　造　型

微　课

1. 设计要求

(1) 创建线条，运用相关命令对图形进行编辑，将线条修改为酒杯的造型，如图 1-2-1 所示。

(2) 设置图形可渲染，渲染线框径向厚度为 1 mm。

(3) 将图形保存为 800×600 像素的效果图，并将设计结果归档。

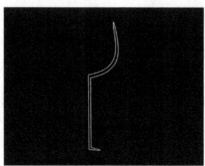

图 1-2-1　酒杯造型效果图

2. 设计过程

(1) 在 3ds Max 2020 中新建一个文件，选择工作窗口中的前视图，单击右下角的最

大化显示图标 ，将整个工作区定为前视图。

(2) 在 3ds Max 窗口右侧区域单击"创建"→"图形"图标，再单击"对象类型"中的"线"选项，在前视图中创建一条曲线。分别在如图 1-2-2 所示的 4 个关键点单击鼠标左键。

(3) 单击修改命令图标，再单击"修改器列表"→"Line"→"顶点"，或者使用快捷键(数字 1 键)，再在曲线的第 3 个顶点上单击鼠标右键，在弹出的菜单中选择"Bezier 角点"，将顶点转换为带有 2 个句柄控制杆的"Bezier 角点"模式，最后调整顶点的句柄，将直线段调整为带有弧度的曲线，如图 1-2-3 所示。

(4) 将曲线的第 2 个顶点设置为"Bezier 角点"，将酒杯底座调出一定的弧度，再将第 4 个顶点设置为角点，将酒杯杯口调整为向内收缩的形状，如图 1-2-4 所示。

(5) 选择"修改器列表"→"样条线"，或使用快捷键(数字 3 键)，在命令面板中单击"轮廓"按钮，将前视图中的酒杯曲线向外拉，形成一个封闭的双轮廓曲线，如图 1-2-5 所示。

(6) 删除杯底和杯顶的"1"点和"2"点，如图 1-2-6 所示。

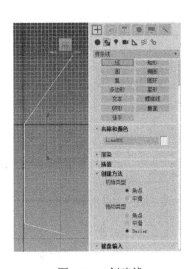

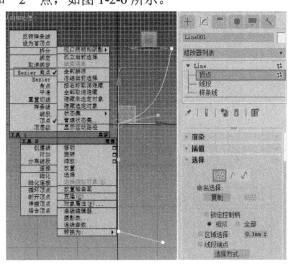

图 1-2-2　创建线　　　　　　　　图 1-2-3　将顶点设置为 Bezier 角点并调整曲线形状

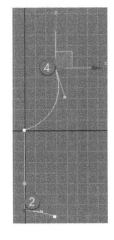

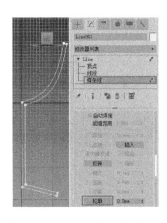

图 1-2-4　调整杯底和杯口　　　　图 1-2-5　设置酒杯双轮廓线　　　　图 1-2-6　调整酒杯造型

(7) 在"渲染"卷展栏中勾选"在渲染中启用"和"在视口中启用"选项，渲染径向厚度设为 1 mm，如图 1-2-7 所示。

(8) 按 F10 键打开"渲染设置"对话框，在"公用"选项卡中选择"时间输出"为"单帧"，"输出大小"为"800×600"像素。单击"渲染"按钮，在渲染窗口中单击"保存"按钮，将效果图保存为 .JPG 后缀的文件。

(9) 依次单击 3ds Max 窗口左上角的"文件"→"归档"菜单命令，将设计结果归档为 .zip 后缀的压缩文件包。

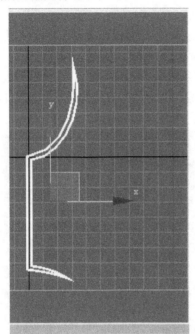

图 1-2-7　设置图形可渲染及渲染线框粗度

1.3　瓶状体设计

1. 设计要求

(1) 创建线条，运用相关命令对图形进行编辑，将线条修改为瓶状体，如图 1-3-1 所示。

(2) 设置图形可渲染，渲染线框径向厚度为 2。

(3) 将图形保存为 800×600 像素的效果图，并将设计结果归档。

图 1-3-1　瓶状体效果图

2. 设计过程

(1) 在 3ds Max 中新建一个文件，选择工作窗口中的前视图，单击右下角的最大化显示图标，将整个工作区定为前视图。

(2) 在前视图中创建一条曲线，由 6 个顶点构成，再分别设置第 3 个和第 4 个顶点为"平滑"模式，如图 1-3-2 所示。

(3) 单击层级图标，在"调整轴"卷展栏中单击"仅影响轴"按钮。鼠标右键单击工具栏中的移动图标(图 1-3-3 中 3 处)，打开"移动变换输入"对话框，将瓶状体中心轴绝对坐标设置为(0, 0, 0)。调整轴心后，再单击"仅影响轴"按钮，退出调整轴状态。

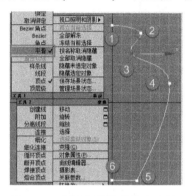

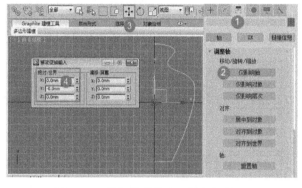

图 1-3-2　创建瓶状体曲线右半边　　　　图 1-3-3　将瓶状体的中心轴坐标归零

(4) 在"修改器列表"下单击"样条线"或按快捷键(数字 3 键)进入样条线编辑模式。在命令面板中勾选"镜像"下的"复制"和"以轴为中心"复选框，选择水平对称模式()，再单击"镜像"按钮，将瓶状体右侧曲线复制到左侧，形成一个完整的瓶状体形状，如图 1-3-4 所示。

(5) 在"修改器列表"下单击"顶点"或按快捷键(数字 1 键)进入顶点编辑模式，框选瓶状体的顶点"1"和底部中间点"2"，将右侧命令面板中的焊接权重设置为"50 mm"，再单击"焊接"按钮，即将"1"点和"2"点焊接，使瓶状体成为一个封闭的形状，如图 1-3-5 所示。

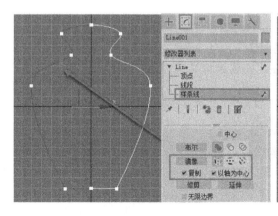

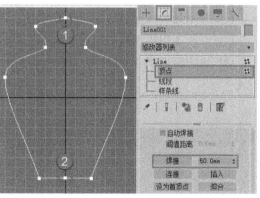

图 1-3-4　镜像复制瓶状体另一侧　　　　图 1-3-5　焊接相应顶点封闭瓶状体曲线

(6) 在"渲染"卷展栏中勾选"在渲染中启用"和"在视口中启用"选项，渲染线框径向厚度设为 2 mm，插值步数设为 12，使瓶状体曲线平滑，如图 1-3-6 所示。

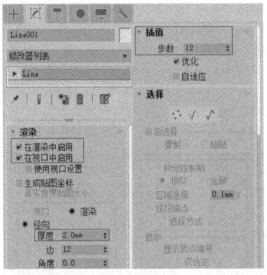

图 1-3-6　设置图形可渲染及渲染线框粗度

(7) 按 F10 键打开"渲染设置"对话框，在"公用"选项卡中选择"时间输出"为"单帧"，"输出大小"为"800×600"像素。单击"渲染"按钮，在渲染窗口中单击"保存"按钮，将效果图保存为 .JPG 后缀的文件。

(8) 依次单击 3ds Max 窗口左上角的"文件"→"归档"菜单命令，将设计结果归档为 .zip 后缀的压缩文件包。

1.4　树　　形

微　课

1. 设计要求

(1) 运用相关命令将矩形编辑成树形，编辑后的效果如图 1-4-1 所示。

(2) 设置图形可渲染，渲染线框径向厚度为 2。

(3) 将图形保存为 800×600 像素的效果图，并将设计结果归档。

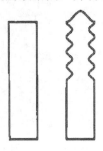

图 1-4-1　树形效果图

2. 设计过程

(1) 打开树形.max 文件，选择工作窗口中的前视图，单击右下角的最大化显示图标
，将整个工作区定为前视图，如图 1-4-2 所示。

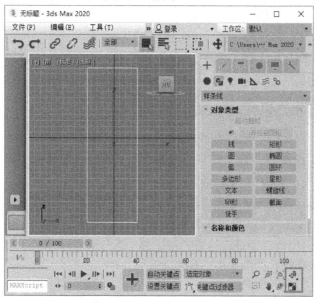

图 1-4-2　设置前视图最大化

(2) 在图中的"矩形"上单击鼠标右键，在弹出的菜单中选择"转换为"→"转换为
可编辑样条线"，将矩形转换成可编辑的样条线，如图 1-4-3 所示。

(3) 在右侧命令面板中单击图标，在弹出的"修改器列表"的"可编辑样条线"中
选择"线段"，进入线段编辑模式。选择前视图矩形中的上、下边线及右边线(按 Ctrl 键进
行多选)，在参数面板中单击"拆分"按钮，将图中选中的 3 条线段各分成 2 段，如图 1-4-4
所示。

(4) 框选矩形左边 3 条线段，按键盘上的 Delete 键删除所选线段，结果如图 1-4-5
所示。

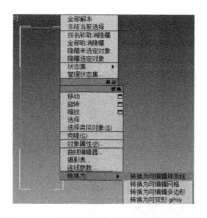

图 1-4-3　将图形转换成可编辑的样条线

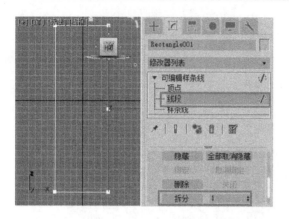

图 1-4-4　拆分矩形线段　　　　　　　　　　　　　　　　图 1-4-5　删除左边线段

　　(5) 选择线条右边线段，在"拆分"参数中输入"7"，再单击"拆分"按钮，将右边上半段线段分成 8 段，如图 1-4-6 所示。

　　(6) 在"可编辑样条线"中选择"顶点"或按快捷键(数字 1 键)进入顶点编辑模式，按 Ctrl 键选择图中的 4 个顶点，再用鼠标右键单击工具栏中的移动图标 ，在弹出的"移动变换输入"对话框中的"偏移：屏幕"框中将"X"值设为 −10，这将会把选中的 4 个顶点向左移动 10 个单位，如图 1-4-7 所示。

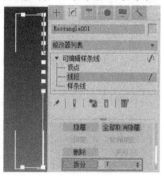

图 1-4-6　将右上半段线段分为 8 段　　　　　图 1-4-7　选择并移动右上半段线段的顶点

　　(7) 选择矩形的顶点，用鼠标右键单击移动图标 ⊹，在弹出的"移动变换输入"对话框中的"偏移：屏幕"输入"Y"值参数 20，这将把顶点向上移动 20 个单位，如图 1-4-8 所示。

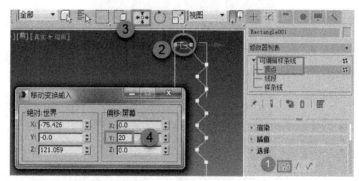

图 1-4-8　移动顶点

(8) 在"可编辑样条线"中选择"样条线"或按快捷键(数字 3 键)进入样条线编辑模式，在"修改器列表"的参数卷展栏中勾选"复制"和"以轴为中心"选项，选择水平镜像模式 (默认为该模式)，选择图中的线条后单击"镜像"按钮，如图 1-4-9 所示。

(9) 按快捷键(数字 1 键)或选择"可编辑样条线"中的"顶点"进入顶点编辑模式，按 Ctrl 键选择上、下两个顶点。在"修改器列表"的参数面板中将焊接值设为 50 mm，再单击"焊接"按钮，以焊接上、下两个顶点，使树状图形成为一个完整封闭的线条，如图 1-4-10 所示。

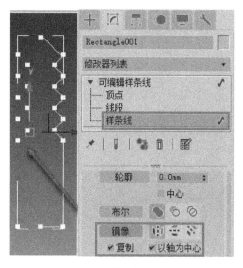

图 1-4-9　镜像复制样条线

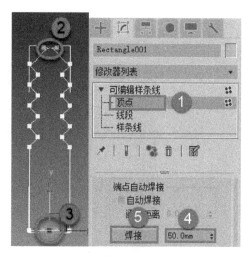

图 1-4-10　焊接镜像的 2 段样条线成为整体

(10) 在"渲染"卷展栏中勾选"在渲染中启用"和"在视口中启用"选项，将渲染线框径向厚度设为 2。

(11) 展开"插值"选项，设置"步数"为 12，优化曲线的光滑度。

(12) 先单击右下角的所有视图最大化显示图标，将树形二维图形最大化显示，再按 F10 键打开"渲染设置"对话框，在"公用"选项卡设置"时间输出"为"单帧"，"输出大小"为"800×600"像素，单击"渲染"按钮，在渲染窗口中再单击"保存"按钮，将效果图保存为 .JPG 后缀的文件。

(13) 依次单击 3ds Max 窗口左上角的"文件"→"归档"菜单命令，将设计结果归档为 .zip 后缀的压缩文件包。

1.5　沙发截面形

微 课

1. 设计要求

(1) 运用相关命令将矩形编辑成沙发截面形，编辑后的效果如图 1-5-1 所示。

(2) 设置图形可渲染，渲染线框径向厚度为 2。

(3) 将图形保存为 800×600 像素的效果图，并将设计结果归档。

图 1-5-1　沙发截面形效果图

2. 设计过程

(1) 打开沙发.max 文件，选择工作窗口中的前视图，单击右下角的最大化显示图标，将整个工作区定为前视图，如图 1-5-2 所示。

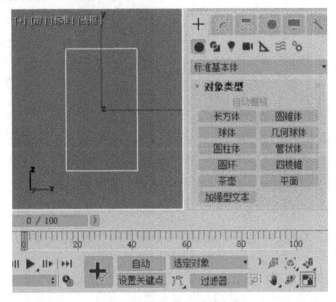

图 1-5-2　设置前视图最大化

(2) 在图 1-5-3 所示的"矩形"上单击鼠标右键，在弹出的菜单中选择"转换为"→"转换为可编辑样条线"，将矩形转换成可编辑的样条线，单击"顶点"，进入顶点编辑方式。选择图中左上角的顶点，激活工具条中的二维捕捉工具，此时工作区中的鼠标点变成 。

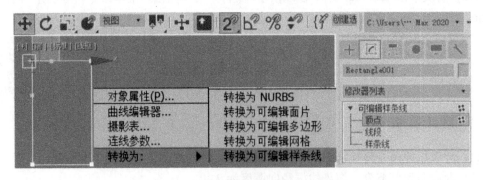

图 1-5-3　将图形转换成可编辑的样条线

(3) 设置矩形 4 个点的顶点类型，将右上角顶点的类型调为"平滑"，其他 3 个点的类型调为"Bizer 角点"，调节杆的调节状态如图 1-5-4 所示。

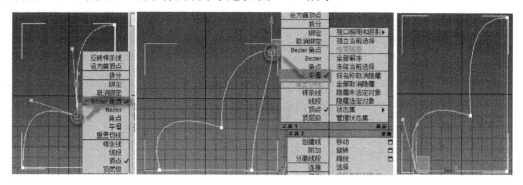

图 1-5-4　调节沙发各顶点位置

(4) 单击"顶点"，取消顶点编辑的选择状态，展开"插值"选项，设置"步数"为 12，优化沙发曲线的光滑度，如图 1-5-5 所示。

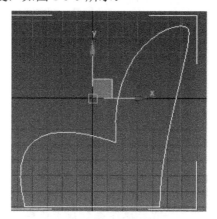

图 1-5-5　优化曲线光滑度

(5) 在"渲染"卷展栏勾选"在渲染中启用"和"在视口中启用"选项，渲染线框径向厚度设为 2，如图 1-5-6 所示。

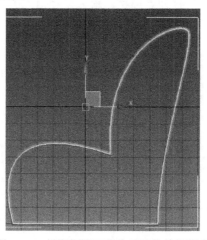

图 1-5-6　设置图形可渲染及渲染线框粗度

(6) 先单击右下角的所有视图最大化显示图标，再按 F10 键打开"渲染设置"对话框，在"公用"选项卡中选择"时间输出"为"单帧"，"输出大小"为"800×600"像素。单击"渲染"按钮，在渲染窗口中单击"保存"按钮，将效果图保存为 .JPG 后缀的文件。

(7) 依次单击 3ds Max 窗口左上角的"文件"→"归档"菜单命令，将设计结果归档为 .zip 后缀的压缩文件包。

1.6　卡 通 熊 造 型

微 课

1. 设计要求

(1) 参照卡通熊造型效果图创建圆和椭圆。
(2) 运用相关命令将图形编辑成卡通熊造型，编辑后的效果如图 1-6-1 所示。
(3) 设置图形可渲染，渲染线框径向厚度为 2。
(4) 将图形保存为 800×600 像素的效果图，并将设计结果归档。

图 1-6-1　卡通熊效果图

2. 设计过程

(1) 选择工作窗口中的前视图，单击右下角的最大化显示图标按钮，将整个工作区定为前视图。

(2) 单击创建→图形图标，在"对象类型"卷展栏中单击"圆"按钮，在其参数面板中单击"键盘输入"前的"+"打开卷展栏，输入半径值 50 mm，再单击"创建"按钮，在前视图中创建一个圆，作为卡通熊头部，如图 1-6-2 所示。

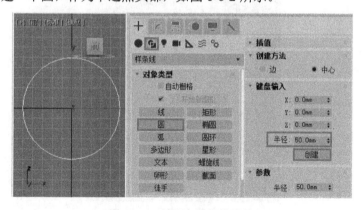

图 1-6-2　创建卡通熊的头部

注：使用"键盘输入"方式创建的图形，可以以原点为中心创建，方便进行图形编辑，如使用镜像命令。

(3) 按第(2)步的方法创建一个半径为 25 mm 的圆作为熊的耳朵，使用移动工具将耳朵移动到卡通熊头部的右上方，如图 1-6-3 所示。

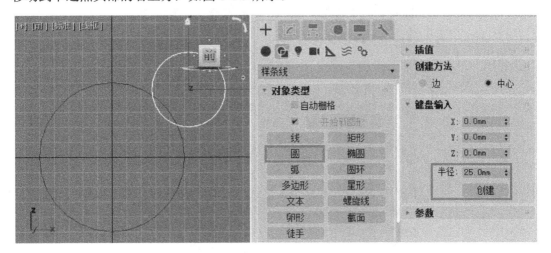

图 1-6-3 创建卡通熊的耳朵

(4) 单击创建→图形图标，在"对象类型"卷展栏中单击"椭圆"按钮，在其参数面板中单击"键盘输入"前的"+"打开卷展栏，输入椭圆长度为 12 mm、宽度为 25 mm，再单击"创建"按钮，在前视图中创建一个椭圆，作为卡通熊的眼睛，并将眼睛移到右上方，如图 1-6-4 所示。

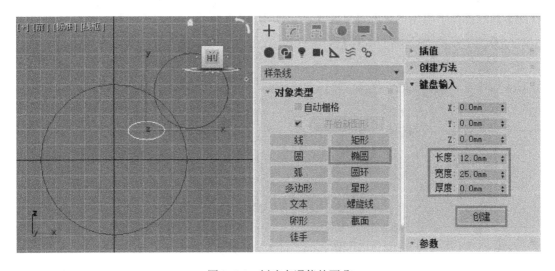

图 1-6-4 创建卡通熊的耳朵

(5) 按第(4)步的方法再创建一个长 15 mm、宽 40 mm 的椭圆作为卡通熊的嘴巴，并将嘴巴移至正下方，如图 1-6-5 所示。

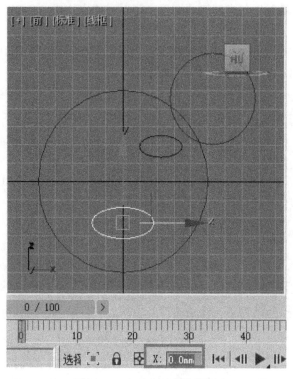

图 1-6-5　创建卡通熊的嘴巴

　　(6) 单击创建→图形图标，在"对象类型"卷展栏中单击"文本"按钮，在"参数"卷展栏中设置字体为"Arial Black"、文字大小为 50 mm，在文本框中输入"Bear"，在前视图卡通熊图案下单击鼠标左键创建文本，如图 1-6-6 所示。

图 1-6-6　创建 Bear 文字

　　(7) 在 3ds Max 工具栏中用鼠标右键单击移动图标，在弹出的"移动变换输入"对话框中，将"绝对：世界"框中的 Z 值设为 -80 mm，将 Bear 文字放置在卡通熊图案正方下，如图 1-6-7 所示。

　　(8) 用鼠标右键单击选择卡通熊头部的大圆，在弹出的菜单中选择"转换为"→"转换为可编辑样条线"选项，如图 1-6-8 所示。

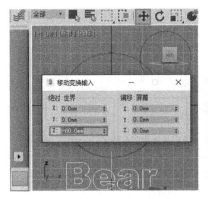 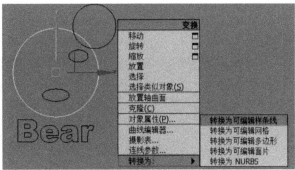

图 1-6-7　移动 Bear 文字到卡通熊图案正下方　　　图 1-6-8　将头部大圆转换为可编辑样条线

(9) 单击"可编辑样条线"→"几何体"→"附加多个"按钮，在弹出的"附加多个"对话框中单击菜单栏"选择"→"选择全部"选项，再单击"附加"按钮，将卡通熊头部、耳朵、眼睛和文字全部附加成为一个整体，如图 1-6-9 所示。

图 1-6-9　将卡通熊所有图形附加成为一个整体

(10) 单击卡通熊的眼睛，再按住 Ctrl 键多选，单击卡通熊的耳朵，选择右侧命令面板的"样条线"或按快捷键(数字 3 键)，下移命令面板滚动条，勾选"复制"和"以轴为中心"复选框，单击"镜像"按钮，镜像复制眼睛和耳朵，如图 1-6-10 所示。

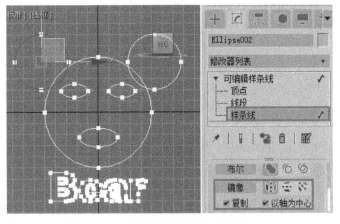

图 1-6-10　镜像复制卡通熊的眼睛和耳朵

(11) 单击卡通熊头部的大圆，在命令面板选择并集图标按钮，单击"布尔"按钮，如图 1-6-11 所示，再在前视图中依次点选卡通熊的左右两个耳朵的圆，将头部和耳朵交叉的线段删除。

图 1-6-11　删除头部和耳朵多余的线段

(12) 在命令面板打开"渲染"卷展栏，勾选"在渲染中启用"和"在视口中启用"复选框，设置线框径向厚度为 2 mm，在"插值"卷展栏输入步数 12，使卡通熊图形线条变得圆滑，显示如图 1-6-12 所示。

图 1-6-12　设置渲染参数

(13) 单击工具栏中的渲染设置图标，设置"输出大小"为"800×600"像素，再单击"渲染"按钮。

(14) 在渲染显示窗口，单击保存图像图标，保存 .JPG 图像。

(15) 依次单击"文件"→"归档"菜单命令，将文件归档为 .zip 文件。

1.7　风　扇　造　型

微　课

1. 设计要求

(1) 运用相关命令将矩形编辑成风扇造型，编辑后的效果如图 1-7-1 所示。

(2) 设置图形可渲染，渲染线框径向厚度为 2。

(3) 将图形保存为 800×600 像素的效果图，并将设计结果归档。

图 1-7-1　风扇造型效果图

2. 设计过程

(1) 打开风扇.max 文件，选择工作窗口中的前视图，单击右下角的最大化显示图标 ，将整个工作区定为前视图，如图 1-7-2 所示。

(2) 单击创建→图形图标，在"对象类型"中选择"圆"，在"键盘输入"卷展栏中输入"半径"值 20 mm；单击"创建"按钮，在前视图的椭圆中间会创建一个半径为 20 mm 的圆，如图 1-7-3 所示。

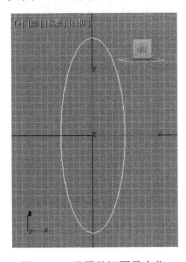

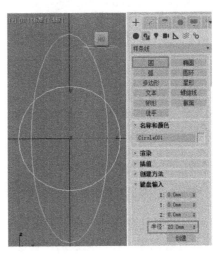

图 1-7-2　设置前视图最大化　　　　图 1-7-3　创建半径为 20 mm 的圆

(3) 按相同的步骤再创建一个半径为 15 mm 的圆和一个半径为 30 mm 的圆,如图 1-7-4 和图 1-7-5 所示。

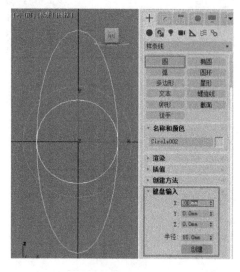
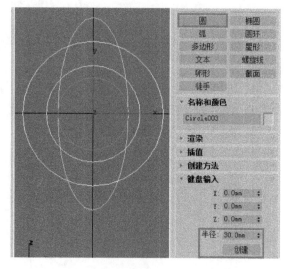

图 1-7-4　创建半径为 15 mm 的圆　　　　　　图 1-7-5　创建半径为 30 mm 的圆

(4) 在前视图中选择"椭圆",再使用移动工具将椭圆移动到圆的上方,位置如图 1-7-6 所示。

(5) 将图中的 3 个顶点设置为"Bezier 角点"模式,将中间 2 个顶点向上移动,将椭圆形状调整成风扇叶片的形状,如图 1-7-7 所示。

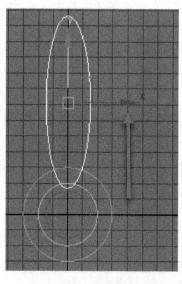
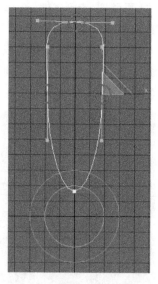

图 1-7-6　移动椭圆到圆上方　　　　　　　　图 1-7-7　调整风扇叶片形状

(6) 单击右侧层级图标,在"调整轴"卷展栏中单击"仅影响轴"按钮,在下方状态栏中将轴心位置归零,轴心定位后,再次单击"仅影响轴"按钮取消轴的调整状态,如图 1-7-8 所示。

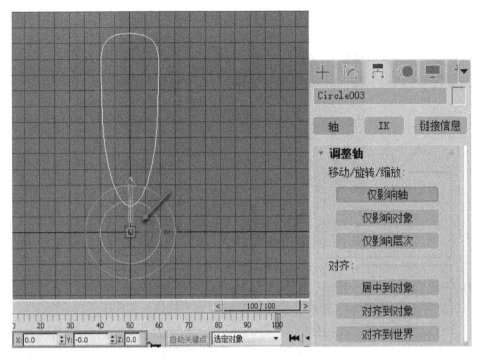

图 1-7-8 设置椭圆轴心归零

(7) 单击椭圆,再选择菜单栏的"工具"→"阵列",在弹出的"阵列"对话框中,设置 Z 轴"旋转"总计值为 360,设置"1D"的"阵列维度"中的"数量"为"6","对象类型"为"实例"。单击"预览"观察阵列复制后的椭圆,以圆心为轴心展开,再单击"确定"按钮,如图 1-7-9 所示。

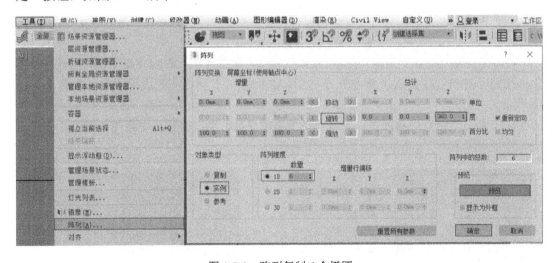

图 1-7-9 阵列复制 6 个椭圆

(8) 在图中的大圆上单击鼠标右键,在弹出的菜单中选择"转换为"→"转换为可编辑样条线",将大圆转换成可编辑的样条线,如图 1-7-10 所示。

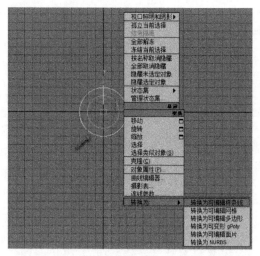

图 1-7-10　将图形转换成可编辑样条线

(9) 单击"附加多个"按钮,在弹出的"附加多个"对话框中按 Ctrl + A 键全选;再单击"附加"按钮,将所有二维图形全部附加成为一个整体,如图 1-7-11 所示。

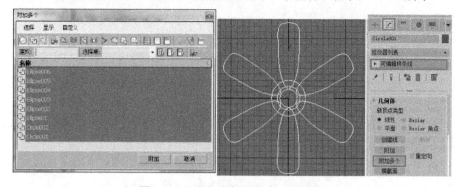

图 1-7-11　附加全部图形为一个整体

(10) 按快捷键(数字 3 键)切换到样条线模式,单击大圆,激活并集图标,再点击"布尔"按钮,在前视图中依次单击 6 个椭圆,将椭圆与大圆相交的线段删除,如图 1-7-12 所示。

(11) 展开"渲染"卷展栏,勾选"在渲染中启用"和"在视口中启用"选项,设置渲染线框径向厚度为 2 mm,如图 1-7-13 所示。

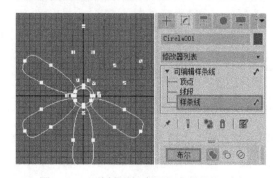

图 1-7-12　将椭圆与大圆相交的线段删除

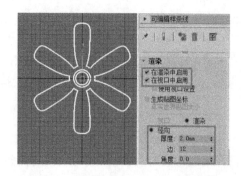

图 1-7-13　设置图形可渲染及渲染线框粗度

(12) 展开"插值"选项，设置"步数"为 12，优化曲线的光滑度，如图 1-7-14 所示。

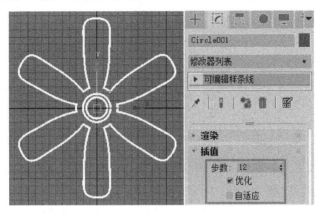

图 1-7-14　优化曲线光滑度

(13) 按 F10 键打开"渲染设置"对话框，在"公用"选项卡中将"时间输出"设为"单帧"，"输出大小"设为"800×600"像素。单击"渲染"按钮，在渲染窗口中单击"保存"按钮，将效果图保存为 .JPG 后缀的文件。

(14) 依次单击 3ds Max 窗口左上角的"文件"→"归档"菜单命令，将设计结果归档为 .zip 后缀的压缩文件包。

1.8　扳手造型

微课

1. 设计要求

(1) 运用相关命令将矩形编辑成扳手造型，编辑后的效果如图 1-8-1 所示。
(2) 设置图形可渲染，渲染线框径向厚度为 2。
(3) 将图形保存为 800×600 像素的效果图，并将设计结果归档。

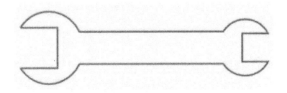

图 1-8-1　扳手造型效果图

2. 设计过程

(1) 打开扳手.max 文件，选择工作窗口中的前视图，单击右下角的最大化显示图标，将整个工作区定为前视图，如图 1-8-2 所示。
(2) 选择前视图中左边的大圆，在大圆上单击鼠标右键，在弹出的菜单中单击"转换为"→"转换为可编辑样条线"，如图 1-8-3 所示。

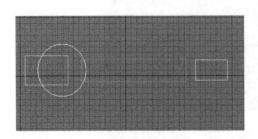

图 1-8-2　设置前视图最大化

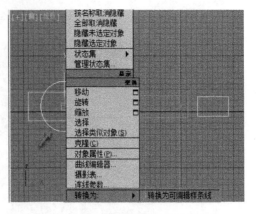

图 1-8-3　将大圆转换成可编辑样条线

(3) 在右侧命令面板单击"附加多个",在弹出的"附加多个"窗口中,按 Ctrl + A 键选择所有图形,再单击"附加"按钮,将所有图形附加成为一个整体,如图 1-8-4 所示。

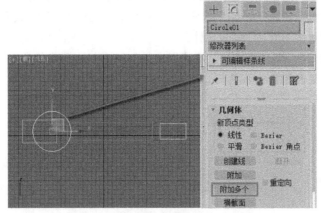

图 1-8-4　将所有图形附加成为一个整体

(4) 在右侧命令面板选择布尔并集图标,再单击"布尔"按钮,在前视图中分别选择中间的长矩形和右边的小圆,将多余线段删除,如图 1-8-5 所示。

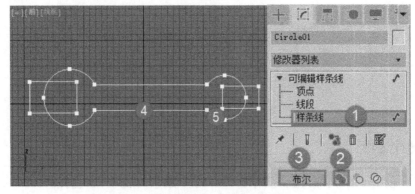

图 1-8-5　布尔合并扳手中间部分

(5) 单击差集图标,再单击"布尔"按钮,在前视图分别单击选择左、右两个小矩形,制作出扳手的缺口部分,如图 1-8-6 所示。

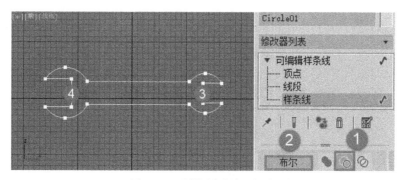

图 1-8-6　制作扳手缺口部分

(6) 展开"渲染"卷展栏，勾选"在渲染中启用"和"在视口中启用"选项，设置渲染线框径向厚度为 2 mm，如图 1-8-7 所示。

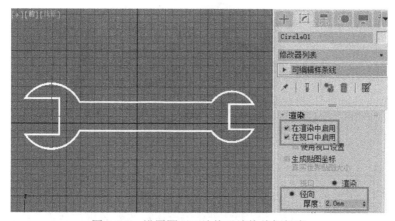

图 1-8-7　设置图形可渲染及渲染线框粗度

(7) 展开"插值"选项，设置"步数"为 12，优化曲线的光滑度，如图 1-8-8 所示。

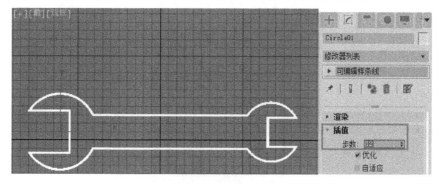

图 1-8-8　优化曲线光滑度

(8) 按 F10 键打开"渲染设置"对话框，在"公用"选项卡中将"时间输出"设为"单帧"，"输出大小"设为"800×600"像素。单击"渲染"按钮，在渲染窗口中单击"保存"按钮，将效果图保存为 .JPG 后缀的文件。

(9) 依次单击 3ds Max 窗口左上角的"文件"→"归档"菜单命令，将设计结果归档为 .zip 后缀的压缩文件包。

模块 2　基础建模

基础建模主要使用 3ds Max 的标准基本体进行建模。标准基本体的效果图如图 2-0-1 所示。

图 2-0-1　标准基本体效果图

在 3ds Max 中,可以使用单个标准基本体对多个此类对象进行建模,还可以将基元组合到更复杂的对象中,并使用修饰符进一步优化它们。3ds Max 包括一组 11 个标准基本体,如图 2-0-2 所示。

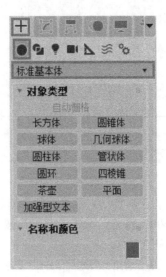

图 2-0-2　标准基本体对象类型

标准基本体对象类型各按钮的作用如下：

长方体：最简单的标准基本体之一。立方体是长方体的唯一变体，可以改变长宽参数来制作许多不同类型的矩形对象，从大的平板到高柱和小的方块。

圆锥体：允许生成圆形圆锥，可形成直立、倒置和截断的锥体。

球体：创建完整球体或球体的水平部分，例如半球，还可以围绕球体的垂直轴对球体进行切片。

几何球体：基于三角面来创建的球体和半球。

圆柱体：创建一个圆柱体，可以围绕其长轴对圆柱进行"切片"建模。

管状体：创建带有同心孔的圆柱体，形状可以是圆形或棱柱形。

圆环：创建一个具有圆形横截面的环，也称为甜甜圈，可以创建复杂变化的物体形状。

四棱锥：创建一个具有正方形或矩形的底部和三角形的侧边的几何体。

茶壶：创建一个复合对象，包括盖子、主体、手柄和壶嘴，可以选择一次制作整个茶壶，或任意组合。由于茶壶是参数化对象，因此可以选择在创建后显示茶壶的某个部分。

平面：一种特殊类型的平面多边形网格，可以在渲染时任意放大，放大线段的大小和/或数量。可以将任何类型的修改器应用于平面对象，例如用"置换"命令模拟丘陵地形。

加强型文本：提供了一个多合一的文本对象，创建样条轮廓或实体、拉伸、斜面几何。

2.1 台 球 三 角 架

微 课

1. 设计要求

(1) 设计一个三角架，其半径 1 为 45 mm，半径 2 为 5 mm，边数为 20，表面非光滑。

(2) 15 个小球的半径均为 6 mm、32 个分段数。

(3) 小球的摆放需按要求排列。

(4) 设置渲染输出为 800×600 像素，并保存渲染图，将文件归档，效果如图 2-1-1 所示。

图 2-1-1 台球三角架效果图

2. 设计过程

(1) 打开 3ds Max，使用重置命令重新设定系统，选择工作窗口中的顶视图，单击右下角的最大化显示图标 ，将整个工作区定为顶视图。单击"顶视图"，在弹出的下拉菜单中选择"显示安全框"，如图 2-1-2 所示。

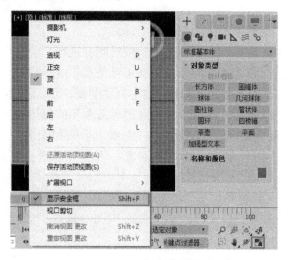

图 2-1-2　将顶视图最大化

(2) 单击创建图标，再单击"标准基本体"下的"圆环"按钮，在"键盘输入"参数栏中设置圆环半径 1（"主半径"）为 45 mm，半径 2（"次半径"）为 5 mm，"参数"卷展栏的"分段"值设为 3、"边数"值设为 20、"平滑"选项选"无"，并单击所有视图最大化显示图标，将三角架最大化显示，如图 2-1-3 所示。

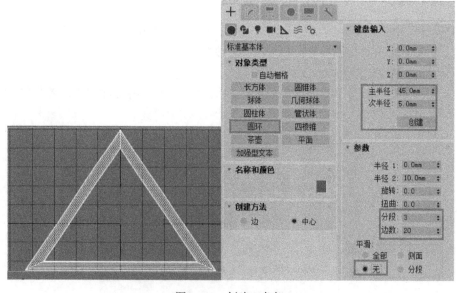

图 2-1-3　创建三角架

(3) 在顶视图中创建一个"球体"，"半径"为 6 mm，"分段"值设为 32。将该小球移动到三角架的左下角位置，使用鼠标中间滚轮放大小球，再按住鼠标滚轮平移，局部放大三角架左下角，将小球紧贴在三角架左下端，如图 2-1-4 所示。

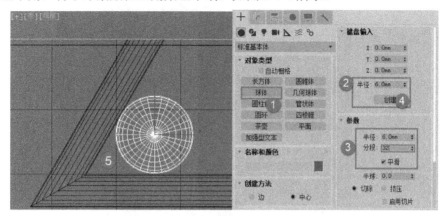

图 2-1-4　创建小球并放置在三角架左下角

(4) 按住 Shift 键，沿 X 轴方向拖动鼠标，在弹出的对话框中设置"副本数"为 4，即复制 4 个小球，将 5 个小球一字排开，如图 2-1-5 所示。

图 2-1-5　复制 4 个小球并一字排开

(5) 选择右端小球，按 Shift 键平移至斜上方，"实例"复制 4 个小球，将其余小球位置调整到靠近三角架右侧，如图 2-1-6 所示。

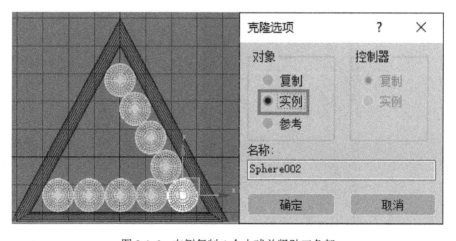

图 2-1-6　右侧复制 4 个小球并紧贴三角架

(6) 使用同样的方法将第 2 行小球复制 3 个并调整到位，如图 2-1-7 所示。

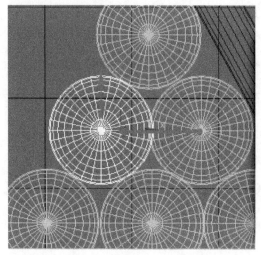

图 2-1-7　复制第 2 行小球

(7) 同样将第 3 行小球复制 2 个并调整到位，如图 2-1-8 所示。

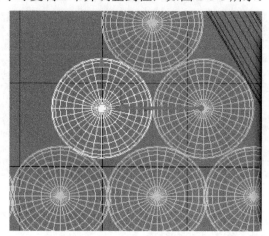

图 2-1-8　复制第 3 行小球

(8) 将第 4 行小球复制 1 个并调整到位，如图 2-1-9 所示。

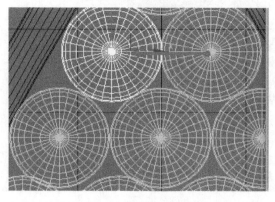

图 2-1-9　复制第 4 行小球

(9) 单击所有视图最大化显示图标 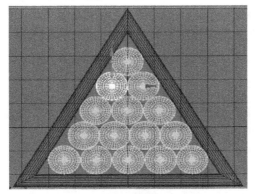，使顶视图台球三角架全部显示，如图 2-1-10 所示。

图 2-1-10 最大化显示三角架

(10) 将前视图转换为真实显示方式，选择三角架中的一个小球，单击修改选项卡图标，再单击小球后面的色块，在弹出的"对象颜色"对话框中，选择黑色，单击"确定"按钮，将小球颜色设定为黑色。三角架中其他小球颜色亦按此方法设定，如图 2-1-11 所示。

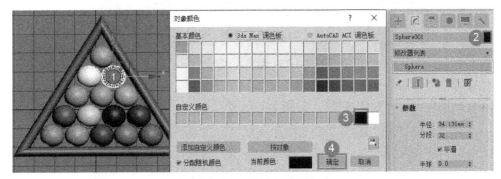

图 2-1-11 设定小球颜色

(11) 选择三角架，按 M 键或单击工具栏中的材质编辑器图标按钮，打开"材质编辑器"，选择第一个未使用过的材质球，将该材质命名为"三角架材质"，单击"漫反射"后面的小按钮，选择漫反射贴图为木纹 5.TGA，如图 2-1-12 所示。

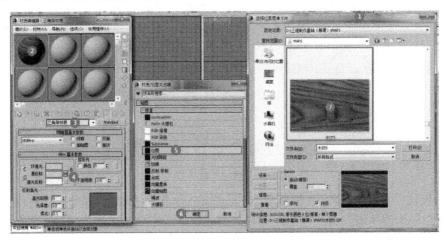

图 2-1-12 将木纹材质设置为漫反射贴图

(12) 设置三角架材质"反射高光"的"高光级别"为60,"光泽度"为30,单击将材质指定给选定对象图标按钮,将"三角架材质"赋给场景中的三角架,单击激活视口中显示明暗处理材质图标按钮。此时视图中的三角架显示出木纹材质,如图 2-1-13 所示。

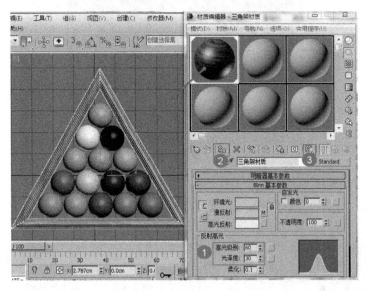

图 2-1-13　给三角架赋材质

(13) 单击"渲染"→"环境"菜单命令或按数字 8 键,将弹出"环境和效果"对话框,将"环境贴图"设为"渐变坡度",如图 2-1-14 所示。

图 2-1-14　设置环境

(14) 按住"环境和效果"对话框中的"贴图#2(Gradient Ramp)"按钮,将其拖放到"材质编辑器"中未使用过的材质球上,此时弹出对话框,选择"实例",将渐变坡度贴图复制到材质球进行调整,如图 2-1-15 所示。

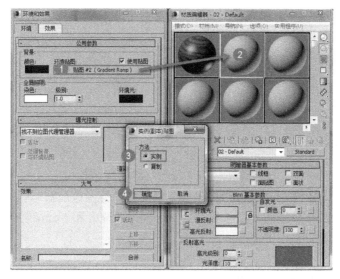

图 2-1-15　将渐变坡度贴图复制到材质球进行调整

　　(15) 在"材质编辑器"中设置渐变坡度材质，双击"渐变坡度参数"颜色框左下角的游标设置颜色框左边颜色，在弹出的"颜色选择"对话框中设置 RGB 参数为(187，185，255)，设置右边 RGB 参数为(163，229，189)，此时材质球显示的颜色是从左到右渐变的。调整"坐标"卷展栏下的"角度"的"W"值为 −90，将显示的颜色设为从上到下渐变，如图 2-1-16 所示。

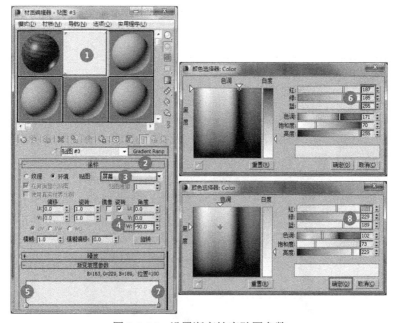

图 2-1-16　设置渐变坡度贴图参数

　　(16) 按 F10 键打开"渲染设置"对话框，在"公用"选项卡中选择"时间输出"为"单帧"，"输出大小"为"800 × 600"像素，单击"渲染"按钮。在渲染窗口中单击"保存"按钮，将效果图保存为 .JPG 后缀的文件。

(17) 依次单击 3ds Max 窗口左上角的 "文件" → "归档" 菜单命令，将设计结果归档为 .zip 后缀的压缩文件包。

2.2 吧　　椅

1. 设计要求

(1) 设计吧椅，座椅支架柱体半径为 15 cm，高度为 240 cm。

(2) 顶部坐垫半径为 64 cm、高为 20 cm，顶部坐垫外围金属圈半径 1 和半径 2 分别为 65 cm 和 4 cm，中部金属圈的半径 1 和半径 2 分别为 60 cm 和 5 cm，三个柱状体半径均为 4 cm，每两个柱体之间的夹角各为 120°。

(3) 其他物体尺寸不作具体要求，与图 2-2-1 所示相近即可。

(4) 设置渲染输出为 800×600 像素，并保存渲染图，将文件归档。

图 2-2-1　吧椅效果图

2. 设计过程

(1) 打开 3ds Max，使用重置命令重新设定系统，选择工作窗口中的透视图，单击右下角的最大化显示图标，将整个工作区定为透视图。单击 "透视" 菜单，在弹出的下拉菜单中选择 "显示安全框"，如图 2-2-2 所示。

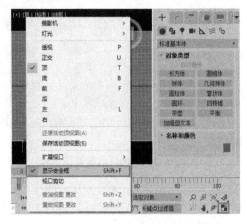

图 2-2-2　将顶视图最大化

（2）在创建面板单击"标准基本体"的"圆柱体"按钮，在"键盘输入"参数栏中设置"半径"为 15 cm，"高度"为 240 cm，在"参数"卷展栏中设置"高度分段"为 1，再单击"创建"按钮，在透视图中创建一个圆柱体作为吧椅支柱轴，单击所有视图最大化显示图标，将圆柱体最大化显示，如图 2-2-3 所示。

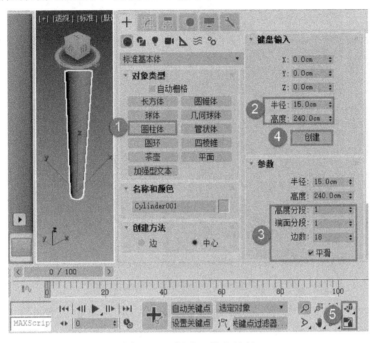

图 2-2-3　创建吧椅支柱轴

（3）单击创建→几何体图标，选择"扩展基本体"，单击"切角圆柱体"按钮，在"键盘输入"卷展栏中输入"半径"值 64 cm、"高度"值 20 cm、"圆角"值 10 cm，在"参数"卷展栏中设置"圆角分段"值为 5、"边数"值为 24，再单击"创建"按钮，在透视图中创建一个切角圆柱体，作为吧椅座垫，如图 2-2-4 所示。

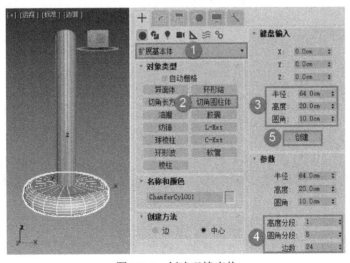

图 2-2-4　创建吧椅座垫

(4) 选择座垫，在工具栏中单击对齐图标，再单击吧椅支柱轴的圆柱体，在弹出的"对齐当前选择"对话框中，勾选"对齐位置"为"Z 位置"，"当前对象"选择"最小"，"目标对象"选择"最大"，如图 2-2-5 所示，再单击"确定"按钮，使座垫对齐支柱顶端。

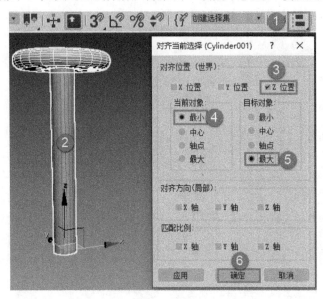

图 2-2-5　座垫对齐到支柱顶部

(5) 单击创建→几何体图标，选择"标准基本体"，单击"圆环"按钮，在"键盘输入"卷展栏中设置"主半径"为 65 cm、"次半径"为 4 cm，在"参数"卷展栏中设置"分段"为 36，"边数"为 12，再单击"创建"按钮，在透视图中创建一个圆环作为座垫金属环，如图 2-2-6 所示。

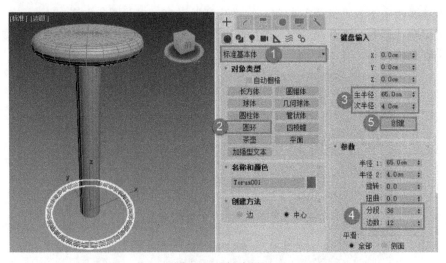

图 2-2-6　创建圆环

(6) 选择金属环，单击对齐图标，再单击座垫，在弹出的"对齐当前选择"对话框中，勾选"对齐位置"为"Z 位置"，"当前对象"选择"中心"、"目标对象"选择"中心"，再单击"确定"按钮，使金属环对齐座垫中部位置，如图 2-2-7 所示。

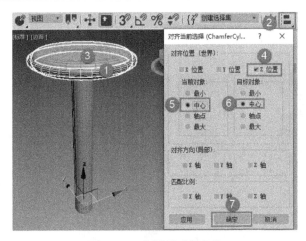

图 2-2-7　金属环对齐座垫

(7) 将视图切换为前视图，选择金属环，激活移动工具，按住 Shift 键将金属环移动到吧椅支柱轴中下部，在弹出的"克隆选项"对话框中，选择"实例"，复制一个中部金属环，单击"确定"按钮，如图 2-2-8 所示。

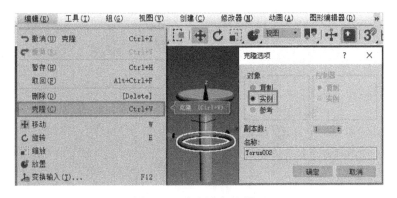

图 2-2-8　复制中部金属环

(8) 选择中部金属环，单击修改图标，在"参数"卷展栏中设置"半径 1"为 60 cm，"半径 2"为 5 cm，如图 2-2-9 所示。

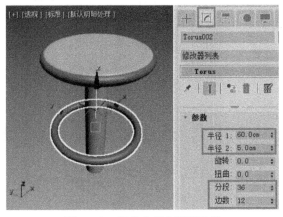

图 2-2-9　修改中部金属环参数

(9) 按 F 键将视图切换到前视图,单击创建→几何体图标,选择"标准基本体",单击"圆柱体"按钮,在"键盘输入"卷展栏中输入"半径"为 4 cm,"高度"为 45 cm,单击"创建"按钮,在前视图创建一个圆柱,作为中部金属环支撑架,如图 2-2-10 所示。

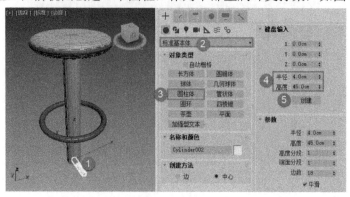

图 2-2-10　创建圆柱体作为中部金属环支撑架

(10) 按 P 键切换到透视图,使用对齐图标将支撑架圆柱体对齐到中部金属环,设置对齐方式为"Z 位置","当前对象"和"目标对象"选"中心",如图 2-2-11 所示。

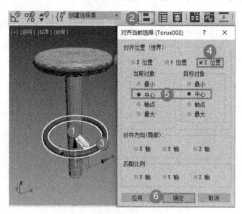

图 2-2-11　支撑架对齐中部金属环

(11) 使用移动图标,将支撑架的位置调整到位,如图 2-2-12 所示。

图 2-2-12　调整支撑架位置

(12) 单击层级图标,在"调整轴"卷展栏中单击"仅影响轴"按钮,将支撑架中心轴 X、Y 坐标都设置为 0,如图 2-2-13 所示。

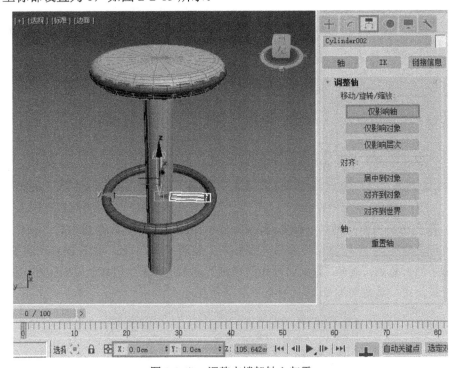

图 2-2-13 调整支撑架轴心归零

(13) 用鼠标右键单击角度捕捉切换图标,在弹出的"栅格和捕捉设置"对话框中单击"选项"按钮,设置"角度"为 120 度,如图 2-2-14 所示。

(14) 用鼠标右键单击工具栏中的旋转图标,按住 Shift 键沿中部金属环轴线向左拉,在弹出的"克隆选项"对话框中,单击"实例"按钮,设置"副本数"为 2,单击"确定"按钮,如图 2-2-15 所示,复制其余 2 个金属架。

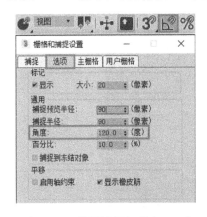

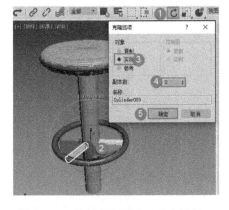

图 2-2-14 设置捕捉角度为 120 度　　图 2-2-15 旋转复制其余 2 个支撑架

(15) 按 F 键切换到前视图,选择吧椅座垫几何体,按住 Shift 键向下移动到吧椅底部,复制吧椅底座,如图 2-2-16 所示。

(16) 选择顶部金属环，按 Shift 键向下移动到吧椅底座位置，复制底座金属环，如图 2-2-17 所示。

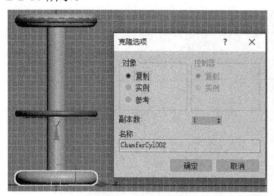

图 2-2-16 复制吧椅底座

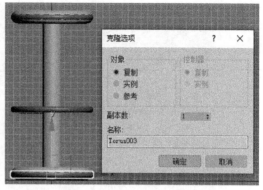

图 2-2-17 复制吧椅底座金属环

(17) 框选吧椅所有几何体，按 M 键或单击材质编辑器图标，在弹出的"材质编辑器"对话框中，选择第 1 个材质球，将名称设置为"金属材质"，在"明暗器基本参数"卷展栏中将明暗器设置为"金属"，反射高光的"高光级别"设置为 120，"光泽度"设为 75，单击将材质指定给选定对象图标，如图 2-2-18 所示。

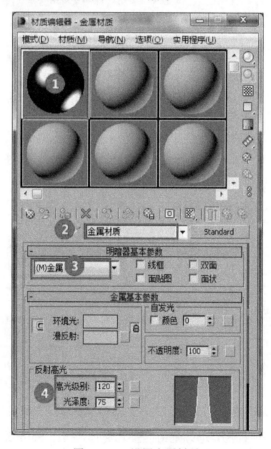

图 2-2-18 设置金属材质

(18) 展开金属材质的"贴图"卷展栏，单击"反射"贴图类型的"无"按钮，在弹出的"材质/贴图浏览器"对话框中，单击"位图"按钮，选择金属反射贴图.JPG 图片作为反射贴图，在"坐标"卷展栏中，设置"模糊"参数为 2，"模糊偏移"参数为 0.2，如图 2-2-19 所示。

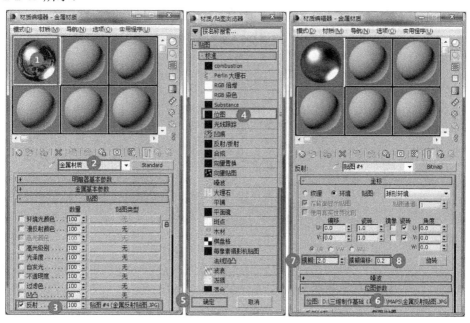

图 2-2-19　设置金属材质的反射类型参数

(19) 在"材质编辑器"对话框中选择第 2 个材质球，命名为"皮革材质"，将皮革.JPG 图片设置到漫反射位图上，"高光级别"设为 60，"光泽度"设为 30，将皮革材质球拖放到座垫上，如图 2-2-20 所示。

图 2-2-20　设置皮革材质并赋给座垫

(20) 按快捷键(数字 8 键)打开"环境和效果"对话框,在"公用参数"卷展栏中将"环境贴图"设置为"渐变坡度",将该渐变坡度按钮拖放到"材质编辑器"对话框的第 3 个材质球上,设置坐标"W"值为 −90,双击"渐变坡度参数"左侧游标,在"颜色选择器"中将 RGB 值设置为(201,0,244),再双击右侧游标,设置 RGB 值为(0,165,0),将环境背景设置为从上到下由紫变绿的背景,如图 2-2-21 所示。

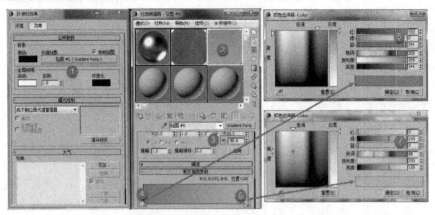

图 2-2-21　设置渐变坡度环境背景

(21) 按 F10 键打开"渲染设置"对话框,在"公用"选项卡中设置"时间输出"为"单帧","输出大小"为"800×600"像素,单击"渲染"按钮,再在"渲染"窗口中单击"保存"按钮,将效果图保存为 .JPG 后缀的文件。

(22) 依次单击 3ds Max 窗口左上角的"文件"→"归档"菜单命令,将设计结果归档为 .zip 后缀的压缩文件包。

2.3　象 棋 棋 子

微 课

1. 设计要求

(1) 设计一个象棋棋子。建立一个切角圆柱体,圆柱的半径为 100 mm,高度为 50 mm,圆角约 24 mm,圆角分段数为 10,边数为 36。

(2) 创建一个"将"字,字体为隶书,字号(大小)为 130,将二维文字模型转换为三维文字模型。

(3) 将文字模型与圆柱体进行复合,使其成为一粒中国象棋棋子模型,棋子具有一定的雕刻感,雕刻深度约为 10 个单位。

(4) 设置渲染输出为 800×600 像素,并保存渲染图,将文件归档,如图 2-3-1 所示。

图 2-3-1　象棋效果图

2. 设计过程

(1) 打开 3ds Max，使用重置命令重新设定系统，选择工作窗口中的透视图，单击右下角的最大化显示图标 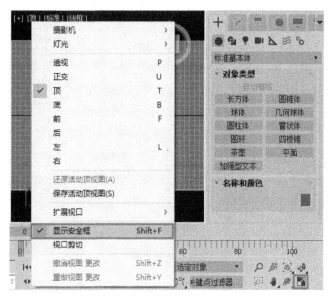，将整个工作区定为透视图。单击"透视"，在弹出的下拉菜单中单击"显示安全框"命令，如图 2-3-2 所示。

图 2-3-2　将顶视图最大化视口切换

(2) 单击创建→几何体图标，单击"扩展基本体"按钮，再单击"切角圆柱体"按钮，在"键盘输入"卷展栏中设置切角圆柱的"半径"为 100 mm，"高度"为 70 mm、"圆角"约 10 mm，"参数"卷展栏的"圆角分段"数设为 5，"边数"设为 24，单击"创建"按钮，在透视图创建一个象棋棋子，再单击所有视图最大化显示图标，将圆柱体最大化显示，如图 2-3-3 所示。

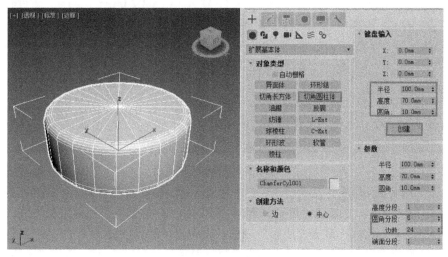

图 2-3-3　创建象棋

（3）按 T 键将视图切换为顶视图，单击创建→图形图标，在对象类型中选择"文本"，在"参数"卷展栏中设置"字体"为隶书，"大小"为 130，输入文本"将"，在顶视图创建一个"将"字，如图 2-3-4 所示。

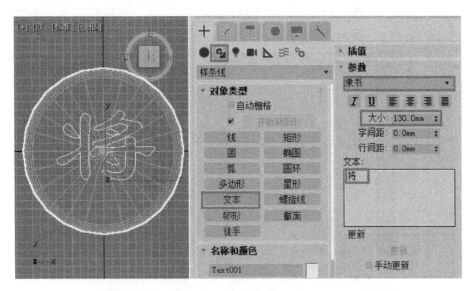

图 2-3-4　创建"将"字

（4）按 P 键切换为透视图，再按 F3 切换为线框显示模式，单击修改图标，在"修改器列表"中选择"挤出"命令，在"参数"卷展栏中输入挤出"数量"为 20 mm，将二维文字挤出为三维文字，如图 2-3-5 所示。

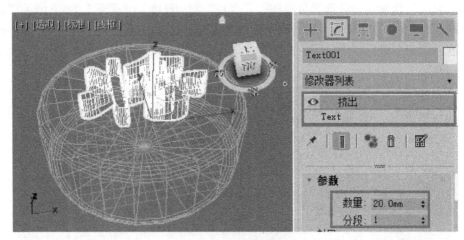

图 2-3-5　挤出文字

（5）按 F3 键切换到真实显示模式，单击对齐图标，再单击象棋棋子，在弹出的"对齐当前选择"对话框中，先勾选"对齐位置(世界)"为"Z 位置"，"当前对象"为"中心"，"目标对象"为"最大"，单击"应用"按钮；再勾选"对齐位置(世界)"为"X 位置"和"Y 位置"，选择"当前对象"为"中心"，"目标对象"也为"中心"，单击"确定"按钮，把"将"字放置在象棋上面，并将文字下半部嵌入象棋棋子，如图 2-3-6 所示。

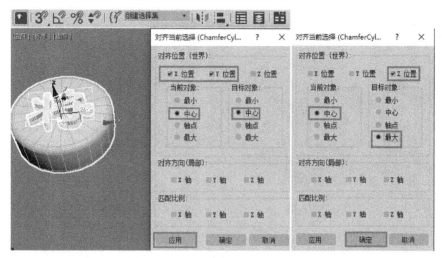

图 2-3-6　将文字对齐象棋

（6）先选择象棋棋子，再单击创建→几何体图标，选择"复合对象"，单击"布尔"，在"布尔参数"卷展栏单击"添加运算对象"，在场景中选择文字"将"，在"运算对象参数"卷展栏中单击"差集"，制作雕刻文字的效果，如图 2-3-7 所示。

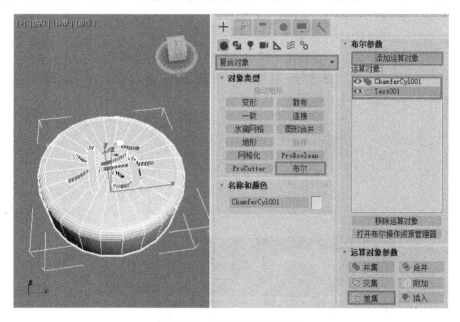

图 2-3-7　制作雕刻文字效果

（7）按 M 键打开"材质编辑器"，选择第一个材质球，命名为"象棋材质"，单击后面的长按钮，在弹出的对话框中选择"多维子对象"复合材质，在"多维/子对象基本参数"卷展栏中，设置数量为 2，先将"ID2"设置为标准材质，单击其后的色块，将其颜色设置为红色，再单击 ID1 的"子材质"按钮，在弹出的"材质编辑器"卷展栏中将"漫反射"贴图设置为木纹.JPG，"高光级别"为 60，"光泽度"为 30，将材质赋给场景中的象棋，如图 2-3-8 所示。

图 2-3-8　设置多维子对象复合材质

(8) 此时象棋红色文字只在底部呈现，将象棋转换为"可编辑多边形"，单击"元素"选项，将滚动条下移，在"多边形：材质 ID"卷展栏中，将"设置 ID"设为 2，此时整个文字都变成红色，如图 2-3-9 所示。

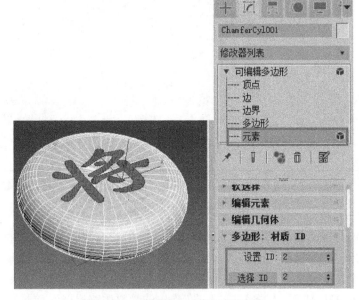

图 2-3-9　设置整个"将"字为红色

(9) 设置安全框，单击所有视图最大化图标，按 F10 键打开"渲染设置"对话框，"输出大小"选择"800×600"像素，再单击"渲染"按钮，保存效果图。效果图如图 2-3-1

所示。

(10) 依次单击 3ds Max 窗口左上角的"文件"→"归档"菜单命令，将设计结果归档为 .zip 后缀的压缩文件包。

2.4 烟 灰 缸

微 课

1. 设计要求

(1) 设计一个烟灰缸，其半径为 100 cm，高度为 70 cm。

(2) 烟灰缸的内外边缘必须有一定的导角，表面光滑。

(3) 烟灰缸上的三个缺口之间的夹角各为 120°。

(4) 设置渲染输出为 800×600 像素，并保存渲染图，将文件归档，如图 2-4-1 所示。

图 2-4-1 烟灰缸效果图

2. 设计过程

(1) 打开 3ds Max，使用重置命令重新设定系统，选择工作窗口中的透视图，单击右下角的最大化显示图标 ，将整个工作区定为透视图。单击"透视"，再在弹出的下拉菜单中单击"显示安全框"，如图 2-4-2 所示。

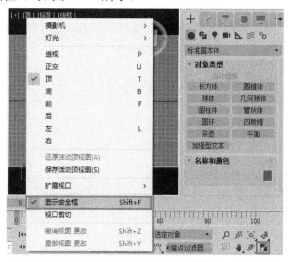

图 2-4-2 最大化显示透视图

(2) 单击创建→几何体图标，选择"扩展基本体"，单击"切角圆柱体"按钮，在"键盘输入"卷展栏中输入"半径"为 100 cm，"高度"为 70 cm，"圆角"为 10 cm，在"参数"卷展栏中输入"圆角分段"数为 5，"边数"为 24，单击"创建"按钮，在透视图原点位置创建一个切角圆柱体，作为烟灰缸缸体，如图 2-4-3 所示。

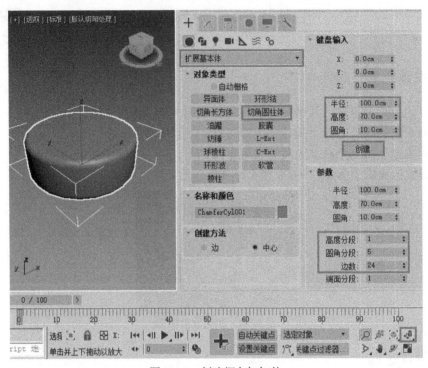

图 2-4-3　创建烟灰缸缸体

(3) 在透视图中按 F 键将视图切换至前视图，单击烟灰缸缸体按住 Shift 键向上移动一段距离，在弹出的"克隆选项"对话框中，选择"复制"，再单击"确定"按钮，复制一个切角圆柱体作为烟灰缸挖孔的圆柱体，如图 2-4-4 所示。

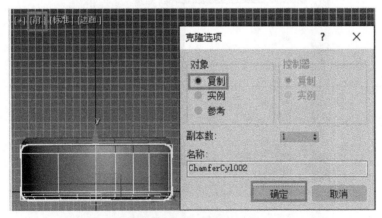

图 2-4-4　复制切角圆柱体

(4) 按 P 键切换到透视图，选择克隆的切角圆柱体，单击修改菜单图标，在"参数"

卷展栏中修改"半径"值为 90 cm，将切角圆柱体改小，如图 2-4-5 所示。

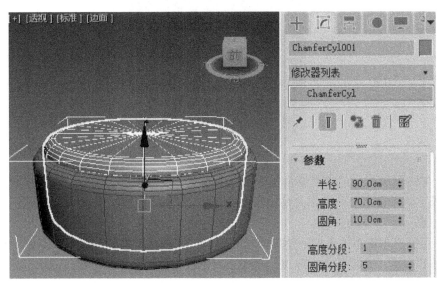

图 2-4-5　修改切角圆柱体半径

（5）按 F3 键切换到线框显示模式，单击创建→几何体图标，选择"扩展基本体"，单击"切角长方体"按钮，在"键盘输入"卷展栏中输入"长度"为 50 cm，"宽度"为 25 cm，"高度"为 35 cm，"圆角"为 10 cm，在"参数"卷展栏中，设置"圆角分段"数为 5，单击"创建"按钮，在透视图创建一个切角长方体，作为烟灰缸开口槽，如图 2-4-6 所示。

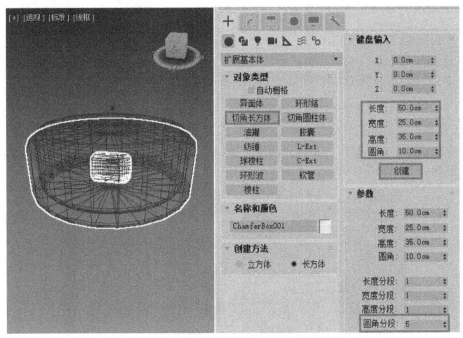

图 2-4-6　创建切角长方体

（6）按 F3 键切换到真实显示模式，使用移动图标将切角长方体移动到烟灰缸右边位置，如图 2-4-7 所示。

图 2-4-7　移动切角长方体至烟灰缸边缘

（7）单击层级图标，在"调整轴"面板中单击"仅影响轴"按钮，选择移动图标，设置切角长方体轴心 X、Y 坐标为零，再单击"仅影响轴"按钮，取消轴心的激活状态，如图 2-4-8 所示。

（8）用鼠标右键单击角度捕捉图标，在弹出的"栅格和捕捉设置"对话框中单击"选项"按钮，设置"角度"为 120 度，再关闭对话框，如图 2-4-9 所示。

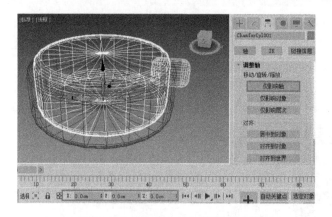

图 2-4-8　调整切角长方体轴心归零

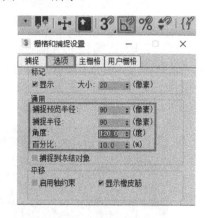

图 2-4-9　设置角度捕捉参数

（9）用鼠标右键单击旋转图标，选择切角长方体沿烟灰缸边缘向左拉动 120 度，在弹出的"克隆选项"对话框中，单击"实例"按钮，设置"副本数"为 2，单击"确定"按钮，复制另外 2 个切角长方体，如图 2-4-10 所示。

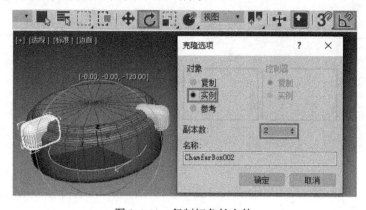

图 2-4-10　复制切角长方体

(10) 单击烟灰缸缸体的切角圆柱体，再单击创建→几何体图标，选择"复合对象"，单击"布尔"按钮，在"布尔参数"卷展栏单击"添加运算对象"，单击切角圆柱体的克隆体，在"运算对象参数"卷展栏单击"差集"，制作烟灰缸中心圆孔，如图 2-4-11 所示。

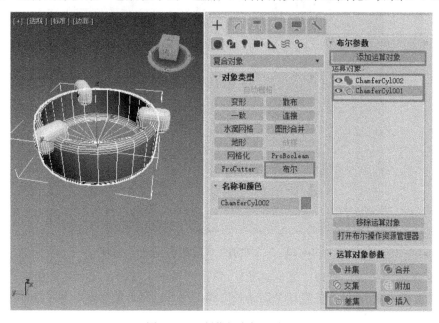

图 2-4-11　制作烟灰缸圆孔

(11) 单击烟灰缸上的任意一个切角长方体，单击鼠标右键，在弹出的菜单中选择"转换为："→"转换为可编辑多边形"，如图 2-4-12 所示。

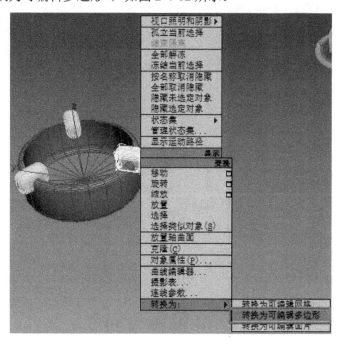

图 2-4-12　将切角长方体转换成可编辑多边形

(12) 在"可编辑多边形"命令面板中,单击"附加"按钮,再分别选择烟灰缸上另外 2 个切角长方体,将 3 个切角长方体附加成为一个整体,如图 2-4-13 所示。

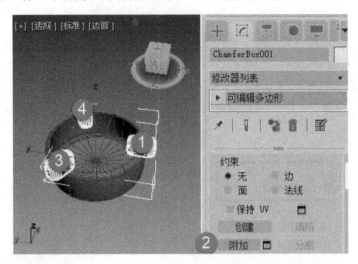

图 2-4-13　将 3 个切角长方体附加成一个整体

(13) 单击烟灰缸,选择"复合对象",单击"布尔"按钮,在"布尔参数"卷展栏单击"添加运算对象",单击任意一个切角长方体,在"运算对象参数"卷展栏单击"差集",制作烟灰缸最终模型,如图 2-4-14 所示。

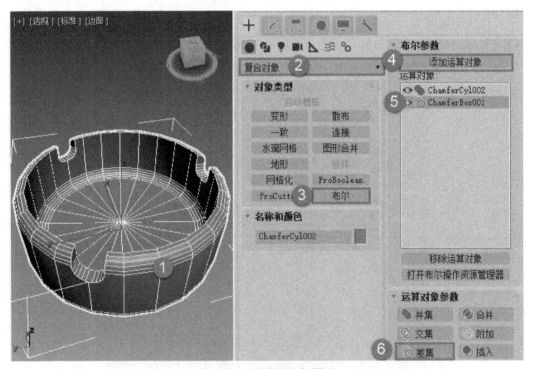

图 2-4-14　制作烟灰缸模型

(14) 单击创建→几何体图标,选择"标准基本体",单击"平面"按钮,在"键盘输入"卷展栏中输入"长度"值为 2000 cm，"宽度"值为 2000 cm，单击"创建"按钮，在透视图创建一个平面作为地面，如图 2-4-15 所示。

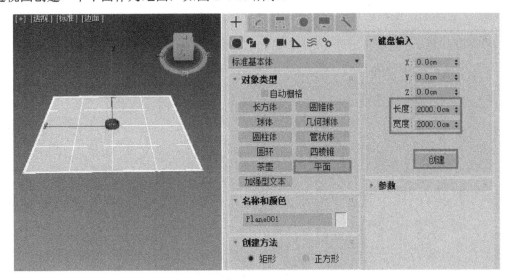

图 2-4-15　创建地面

(15) 按 M 键打开"材质编辑器"对话框，选择第一个材质球，命名为"烟灰缸材质"，将其"漫反射"颜色设置为白色，"高光级别"设置为 80，"光泽度"设置为 30，将材质赋给烟灰缸，如图 2-4-16 所示。

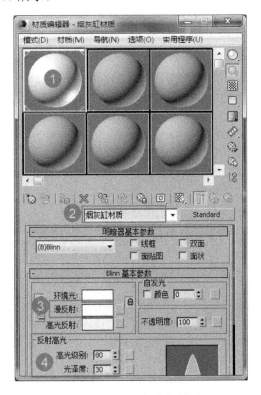

图 2-4-16　设置烟灰缸材质

(16) 选择第二个材质球并命名为"地板材质"，将其"漫反射颜色"贴图设置为木纹贴图，"高光级别"为 60，"光泽度"为 30，"反射"贴图类型为"光线跟踪贴图"，"反射"值为 6，并把该材质赋给场景中的地板，如图 2-4-17 所示。

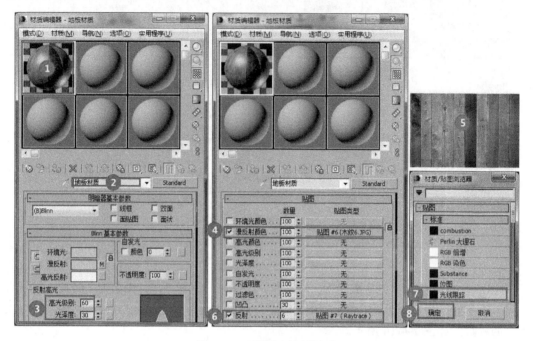

图 2-4-17　设置木地板材质

(17) 单击最大化视口切换图标，返回四视图显示模式，单击创建→灯光图标，选择"标准"，单击"目标聚光灯"按钮，勾选"启用"阴影，在"聚光灯参数"卷展栏设置"聚光区/光束"为 25.2，"衰减区/区域"为 45.1，先在顶视图从左下角拉动鼠标创建一盏目标聚光灯，再在前视图用移动图标将聚光灯向上拖到一定高度，依照透视图显示效果调整聚光灯的位置及角度，如图 2-4-18 所示。

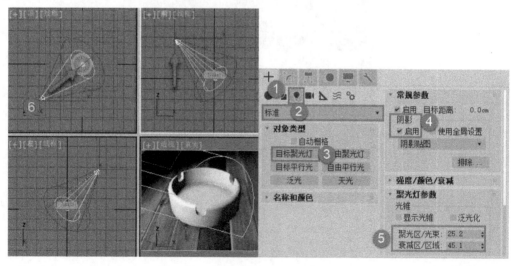

图 2-4-18　创建目标聚光灯并调整其位置

(18) 选择透视图,设置安全框,单击所有视图最大化图标,按 F10 键打开"渲染设置"对话框,"输出大小"选择"800×600"像素,单击"渲染"按钮,保存效果图。

(19) 依次单击 3dsmax 窗口左上角的"文件"→"归档"菜单命令,将设计结果归档为.zip 后缀的压缩文件包。

微 课

2.5 机械齿轮模型

1. 设计要求

(1) 设计一个机械齿轮,齿轮半径为 50 cm,中间圆孔半径为 25 cm。

(2) 齿轮高度为 20 cm,边数为 180 cm。

(3) 齿轮的齿数为 20 个,齿长为 15 cm。

(4) 设置渲染输出为 800×600 像素,并保存渲染图,将文件归档,如图 2-5-1 所示。

图 2-5-1 机械齿轮效果图

2. 设计过程

(1) 打开 3ds Max,使用重置命令重新设定系统,选择工作窗口中的顶视图,单击右下角的最大化显示图标 ,将整个工作区定为透视图。单击"透视",在弹出的下拉菜单中单击"显示安全框",如图 2-5-2 所示。

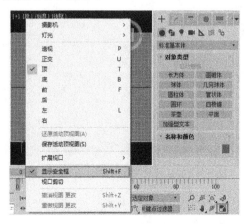

图 2-5-2 最大化显示透视图

(2) 单击创建→几何体图标，选择"扩展基本体"，在"对象类型"中单击"环形波"按钮，再在透视图拖出一个环形波几何体，如图 2-5-3 所示。

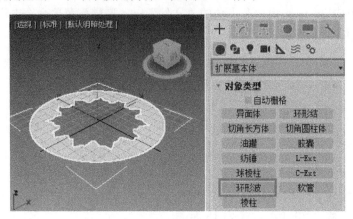

图 2-5-3　创建环形波

(3) 单击修改图标，在环形波"参数"卷展栏中设置"半径"为 50 cm，"环形宽度"为 25 cm，"边数"为 180，"高度"为 20 cm，取消"内边波折"的"启用"复选框，勾选"外边波折"的"启用"复选框，设置"主周期数"为 20，"宽度光通量"为 15%，如图 2-5-4 所示。

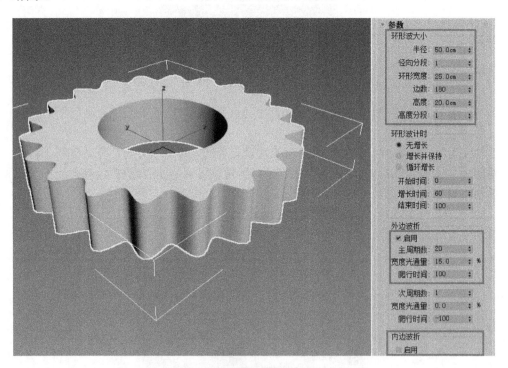

图 2-5-4　修改环形波参数制作机械齿轮

(4) 单击修改图标，选择"UVW 贴图"选项，设置齿轮的"参数"为"长方体"，使齿轮赋上贴图后，按长方体给齿轮各面赋合理的位图，如图 2-5-5 所示。

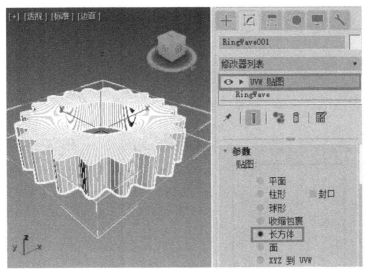

图 2-5-5 给齿轮设置 UVW 贴图

(5) 按 M 键打开"材质编辑器"对话框,将第一个材质球命名为"齿轮材质",选择 "金属"为明暗器基本参数,在"金属基本参数"卷展栏中,设置"高光级别"为 120, "光泽度"为 75,漫反射贴图为"铁.JPG"位图,反射贴图为"金属反射贴图.JPG"位图, 将材质拖到场景中的齿轮上,如图 2-5-6 所示。

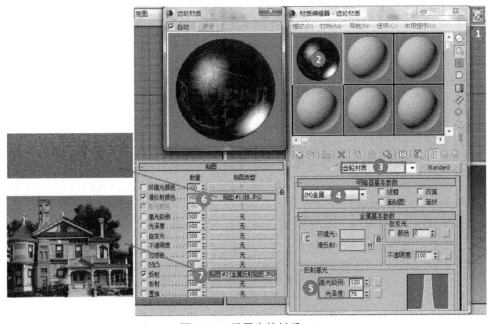

图 2-5-6 设置齿轮材质

(6) 按快捷键(数字 8 键)进入"环境和效果"对话框,设置环境贴图为"天空.JPG"图 片文件,再将该环境贴图按钮拖拽到"材质编辑器"的第二个材质球上,设置贴图坐标为 "环境",贴图为"屏幕",如图 2-5-7 所示。

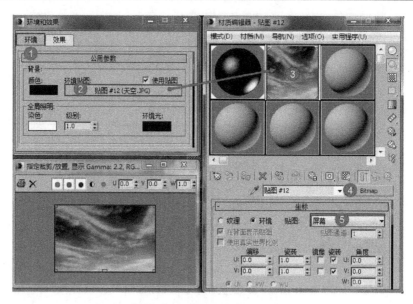

图 2-5-7　设置环境背景贴图

(7) 按 F10 键打开"渲染设置"对话框,在"公用"卷展栏设置"时间输出"为"单帧"选项,"输出大小"为 800×600 像素,再单击"渲染"按钮,在渲染窗口中单击"保存"按钮,将效果图保存为 .JPG 后缀的文件。

(8) 依次单击 3ds Max 窗口左上角的"文件"→"归档"菜单命令,将设计结果归档为 .zip 后缀的压缩文件包。

2.6　螺　丝　刀

1. 设计要求

微　课

(1) 使用扩展基本体和标准基本体创建螺丝刀初始模型。

(2) 使用扩展几何体和复合物体命令建立螺丝刀的上部手柄,手柄中央为倒角圆柱体,其上有六道小凹槽,手柄相关尺寸与图 2-6-1 所示相近即可。

(3) 在手柄上部制作一个扁平球体,使其与中央手柄成为一个整体。

(4) 设置渲染输出为 800×600 像素,并保存渲染图,将文件归档。

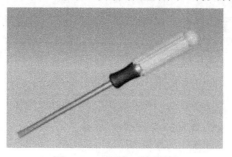

图 2-6-1　螺丝刀效果图

2. 设计过程

(1) 打开 3ds Max，使用重置命令重新设定系统，单击"自定义"→"单位设置"菜单命令，在弹出的"单位设置"对话框中设置"公制"为毫米，再单击"系统单位设置"按钮，在"系统单位设置"对话框中设置 1 单位为 1 毫米，单击"确定"按钮，如图 2-6-2 所示。

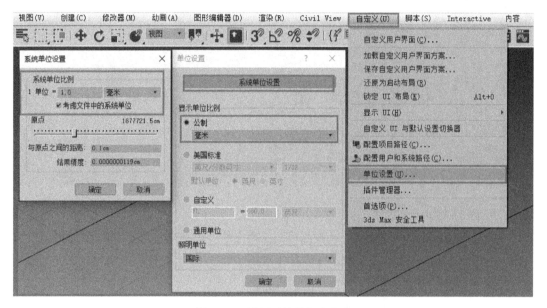

图 2-6-2　设置系统单位为毫米

(2) 选择工作窗口中的透视图，单击右下角的最大化显示图标，将整个工作区定为透视图，如图 2-6-3 所示。

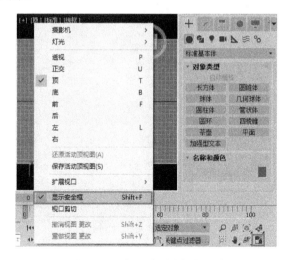

图 2-6-3　将透视图最大化显示

(3) 单击创建→几何体图标，在"标准基本体"的"对象类型"中选择"圆柱体"，在

"键盘输入"卷展栏输入"半径"为 2 mm,"高度"为 75 mm,在"参数"卷展栏中输入"高度分段"为 2,单击"创建"按钮,在透视图创建一个圆柱体作为螺丝刀刀头,如图 2-6-4 所示。

(4) 在"扩展基本体"的"对象类型"中选择"切角圆柱体",设置"半径"为 5 mm,"高度"为 15 mm,"圆角"为 1 mm,"高度分段"为 4,"圆角分段"为 2,单击"确定"按钮,在透视图中创建一个切角圆柱体,作为螺丝刀中间连接部件,如图 2-6-5 所示。

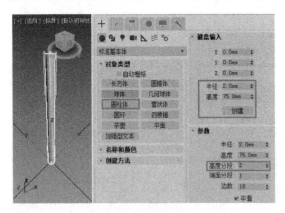

图 2-6-4　创建螺丝刀刀头　　　　　　　图 2-6-5　创建螺丝刀中间部件

(5) 单击螺丝刀刀头,再单击对齐图标,在弹出的"对齐当前选择"对话框中勾选"Z位置",设置"当前对象"为"最大","目标对象"为"最大",单击"确定"按钮,将中间部件对齐刀头的顶部,如图 2-6-6 所示。

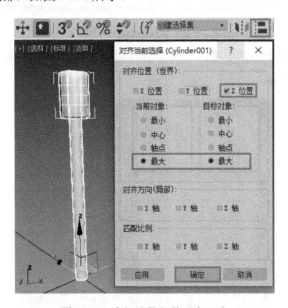

图 2-6-6　中间连接部件对齐刀头

(6) 在透视图中创建一个切角圆柱体,半径为 8 mm,高度为 50 mm,圆角为 2 mm,高度分段为 1,圆角分段为 3,单击"确定"按钮,作为螺丝刀手柄,如图 2-6-7 所示。

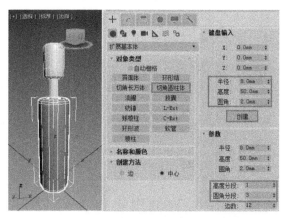

图 2-6-7　创建手柄

(7) 使用对齐图标将手柄对齐到中间部件顶部。在"对齐当前选择"对话框中勾选"Z位置"，设置"当前对象"为"最小"，"目标对象"为"最大"，单击"确定"按钮，如图2-6-8 所示。

(8) 在场景中创建一个半径为 7 mm 的球体作为螺丝刀手柄的顶部，如图 2-6-9 所示。

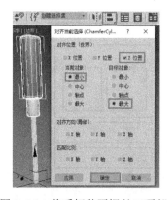

图 2-6-8　将手柄移至螺丝刀顶部

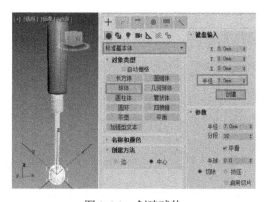

图 2-6-9　创建球体

(9) 使用对齐图标将球体对齐到手柄正上方。勾选"Z位置"，设置"当前对象"为"中心"，"目标对象"为"最大"，如图 2-6-10 所示。

(10) 单击工具栏中的缩放图标，沿 Z 轴将球体向下压成扁平状，如图 2-6-11 所示。

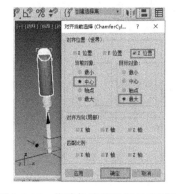

图 2-6-10　将球体放置在螺丝刀顶部

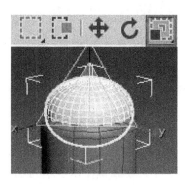

图 2-6-11　将球体压扁

(11) 创建胶囊扩展基本体，半径为 1.5 mm，高度为 50 mm，并使用对齐工具图标将胶囊体移到手柄的侧边缘，如图 2-6-12 所示。

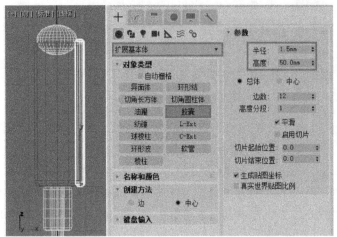

图 2-6-12　创建胶囊体

(12) 选择胶囊体，单击层级图标，点击"仅影响轴"按钮，将胶囊体的轴心坐标归零，如图 2-6-13 所示。

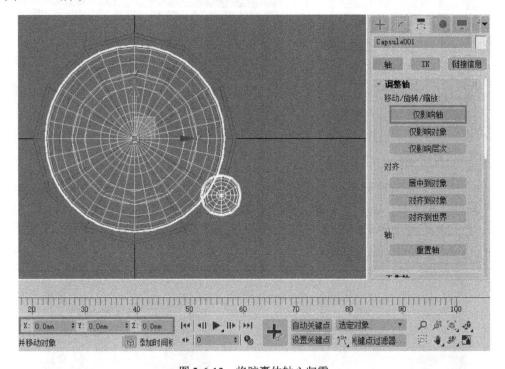

图 2-6-13　将胶囊体轴心归零

(13) 单击菜单栏工具→阵列图标，在"阵列"对话框中设置 Z 轴"旋转"360 度，"实例"复制 6 个，使胶囊体以手柄为轴心复制 6 个，如图 2-6-14 所示。

图 2-6-14　复制 6 个胶囊体

(14) 将胶囊体转换成可编辑网格，具体操作如图 2-6-15 所示。

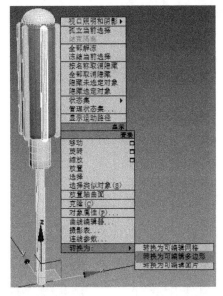

图 2-6-15　将胶囊体转换成可编辑网格

(15) 在"可编辑网格"面板中单击"附加列表"，将 6 个胶囊体附加成为一个整体，如图 2-6-16 所示。

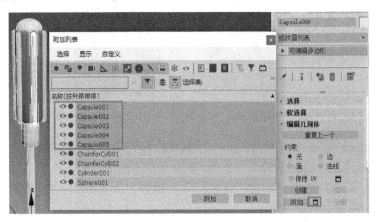

图 2-6-16　将 6 个胶囊体附加成为一个整体

(16) 选择手柄，选择"复合对象"下的"布尔"项，再单击"拾取操作对象 B"按钮，选择任意一个胶囊体，制作手柄的 6 个凹槽，如图 2-6-17 所示。

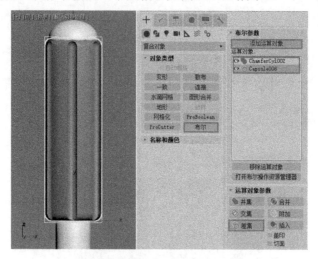

图 2-6-17　制作手柄的 6 个凹槽

(17) 将螺丝刀刀头的圆柱体转换成可编辑多边形，具体操作如图 2-6-18 所示。

(18) 选择螺丝刀刀头，选择"可编辑多边形"的顶点图标，使用缩放图标使之向内收缩，制作刀头的形状，如图 2-6-19 所示。

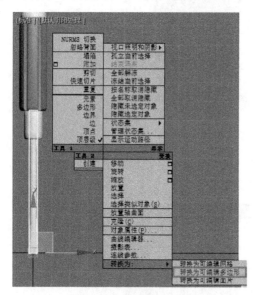

图 2-6-18　将刀头转换成可编辑网格

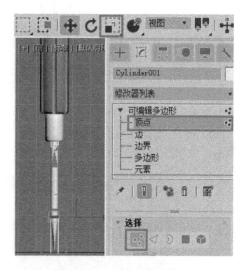

图 2-6-19　制作刀头形状

(19) 将螺丝刀所有几何体附加成为一个整体，操作如图 2-6-20 所示。

(20) 框选螺丝刀中部部件的 3 个顶点，使用缩放图标使之向内收缩，如图 2-6-21 所示。

(21) 单击"可编辑网格"中的"元素"项，设置刀头为 ID1，中间部件为 ID2，手柄和球体为 ID3，如图 2-6-22 所示。

(22) 设置螺丝刀的材质为多维/子对象复合材质，ID1 为"金属材质"，ID2 为"中部材质"(即红色塑料材质)，ID3 为"手柄材质"(即半透明塑料材质)，如图 2-6-23 所示。

图 2-6-20　附加螺丝刀为一个整体

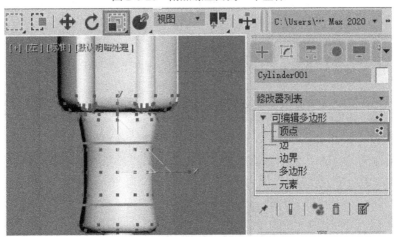

图 2-6-21　编辑中间部件

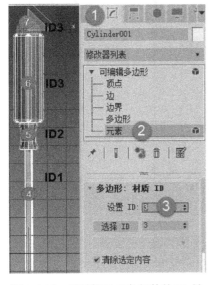

图 2-6-22　设置螺丝刀各部件的 ID 号

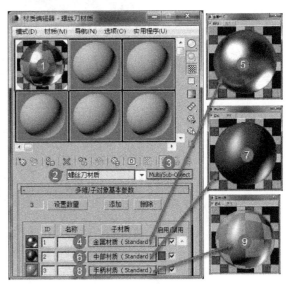

图 2-6-23　设置螺丝刀的材质

(23) ID1 金属材质体现在螺丝刀刀头部分，选择"金属"明暗器，在"贴图"卷展栏中单击"贴图类型"，选择"位图"为"金属反射贴图.JPG"，位图的"模糊"值为2，"模糊偏移"值设为0.2，如图2-6-24所示。

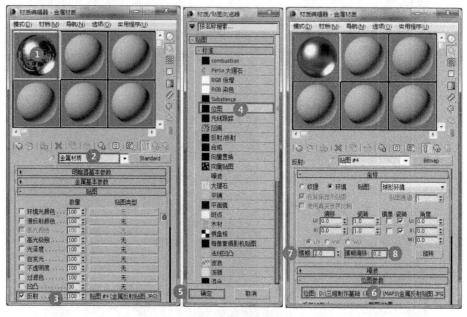

图 2-6-24　设置金属材质

(24) 中部材质为ID2，其明暗器选择"各向异性"，"漫反射"颜色为紫红色，其RGB值为(133，0，69)，"高光级别"设为60，"光泽度"设为30，如图2-6-25所示。

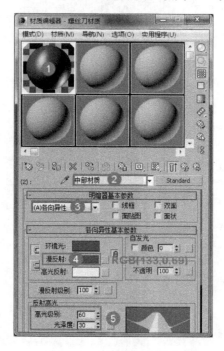

图 2-6-25　设置中部材质

(25) ID3 为手柄材质，其明暗器也选择"各向异性"，"不透明"度设为 85，"高光级别"设为 80，"光泽度"设为 30，折射贴图为光线跟踪，折射值为 30，以制作手柄透明效果，如图 2-6-26 所示。

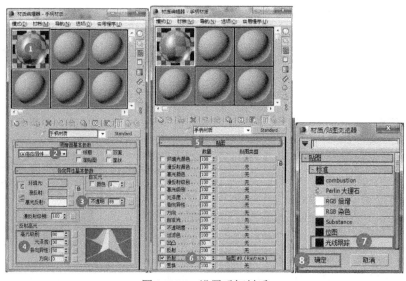

图 2-6-26　设置手柄材质

(26) 按快捷键(数字 8 键)打开"环境和效果"对话框，在"环境"选项卡中单击"环境贴图"按钮，选择"渐变坡度"为贴图类型，将该渐变坡度贴图拖拽到材质编辑器的第二个材质球上，设置坐标贴图类型为"屏幕"，设置"渐变坡度参数"左侧色标颜色为红色，中间色标颜色为绿色，右侧色标颜色为黄色，制作红绿黄渐变环境背景，如图 2-6-27 所示。

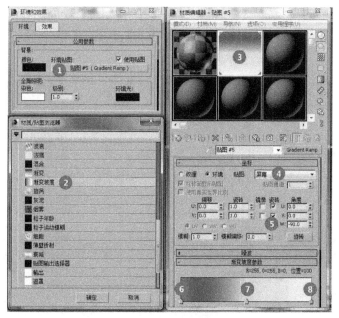

图 2-6-27　设置渐变环境背景

（27）选择透视图，设置安全框，单击所有视图最大化图标，按 F10 键打开"渲染设置"对话框，选择"输出大小"为"800×600"像素，再单击"渲染"按钮，保存效果图。

（28）依次单击 3ds Max 窗口左上角的"文件"→"归档"菜单命令，将设计结果归档为.zip 后缀的压缩文件包。

2.7　牌　　匾

1. 设计要求

（1）建立一个长为 160 cm，宽为 300 cm，高为 15 cm，圆角为 1 cm 的长方体。

（2）在该方体正前面制作一个凹状雕刻平面，该平面长 140 cm，宽 280 cm，圆角为 2 cm，雕刻深度约 3 cm。

（3）制作一个厚度为 10 cm 的三维文字"3DMAX"，并使该文字与雕刻方体成凸形雕刻状，如图 2-7-1 所示。

图 2-7-1　牌匾效果图

（4）设置渲染输出为 800×600 像素，并保存渲染图，将文件归档。

2. 设计过程

（1）打开 3ds Max，使用重置命令重新设定系统，单击"自定义"→"单位设置"菜单命令，在弹出的"单位设置"对话框中设置"公制"为厘米，再单击"系统单位设置"按钮，在"系统单位设置"对话框中，设置 1 单位＝1 厘米，单击"确定"按钮，如图 2-7-2 所示。

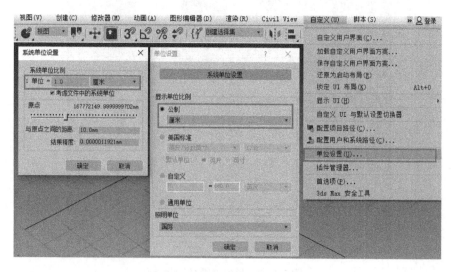

图 2-7-2　设置系统单位为厘米

(2) 选择工作窗口中的前视图,单击右下角的最大化显示图标 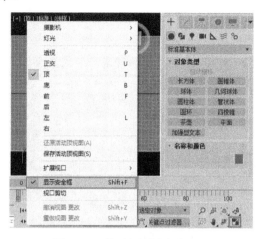,将整个工作区定为前视图,如图2-7-3所示。

图2-7-3 将透视图最大化显示

(3) 单击创建图标,选择"扩展基本体"→"切角长方体",在"键盘输入"卷展栏中输入"长度"为160 cm,"宽度"为300 cm,"高度"为15 cm,"圆角"为1 cm,在前视图中创建一个切角长方体作为牌匾,如图2-7-4所示。

图2-7-4 创建牌匾长方体

(4) 在原点处再创建一个小切角长方体,"长度"设为140 cm,"宽度"设为280 cm,"高度"设为6 cm,"圆角"设为2 cm,如图2-7-5所示。

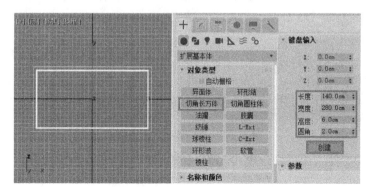

图2-7-5 创建小切角长方体

(5) 在场景中先选择小切角长方体，再单击工具栏中的对齐图标，再在场景中单击大切角长方体，在弹出的"对齐当前选择"对话框中勾选"Y 位置"，选择"当前对象"为"中心"，"目标对象"为"最小"，单击"确定"按钮，将牌匾的雕刻深度设为约 3 个单位，如图 2-7-6 所示。

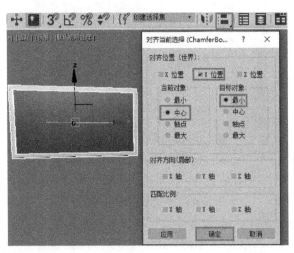

图 2-7-6　使用对齐工具设置牌匾的雕刻深度

(6) 在该方体正前面制作一个凹状雕刻平面，先在场景中单击选择大的切角长方体，单击创建→几何体图标，选择"复合对象"，在"对象类型"卷展栏中单击"布尔"按钮，在"布尔参数"卷展栏中单击"添加运算对象"按钮，单击任意一个切角长方体，在"运算对象参数"卷展栏单击"差集"，制作一个凹状雕刻平面，如图 2-7-7 所示。

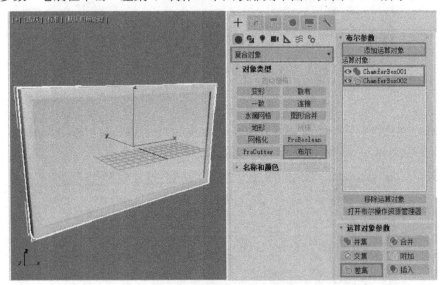

图 2-7-7　制作凹状雕刻平面

(7) 按 F4 键切换到线框显示模式，按 F 键将当前视图切换为前视图。单击创建→图形图标，再单击"文本"按钮，在"参数"卷展栏中设置文本为"宋体"，"大小"为 100 cm，在文本框中输入"3DMAX"，在前视图中单击鼠标左键，在牌匾中间创建一个文本，如图

2-7-8 所示。

图 2-7-8　创建文本

(8) 确认当前选择对象是"3DMAX"文本，按 P 键切换到透视图，选择"修改器列表"→"挤出"命令，设置挤出"数量"为 10 cm，从而制作一个厚度为 10 cm 的三维文字"3DMAX"，如图 2-7-9 所示。

图 2-7-9　使用挤出命令制作三维文字

(9) 在场景中选择三维文字，单击工具栏中的对齐图标，再单击选择牌匾切角长方体，在弹出的"对齐当前选择"对话框中勾选"Y 位置"，"当前对象"选择"中心"，"目标对象"选择"最小"，再单击"确定"按钮，使该文字与牌匾成凸形雕刻状，如图 2-7-10 所示。

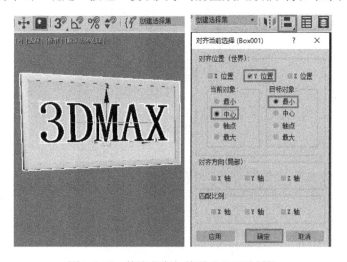

图 2-7-10　使该文字与牌匾成凸形雕刻状

(10) 在工具栏中单击材质编辑器图标，在打开的"材质编辑器"对话框中选择第一个材质球，命名为"木纹"，将"高光级别"设置为 75，"光泽度"设置为 35，单击"漫反射"后面的小按钮，在打开的窗口中单击位图(Bitmap)按钮，再选择"木纹 2.TGA"贴图，将该材质拖拽到牌匾上，制作木纹牌匾的效果，如图 2-7-11 所示。

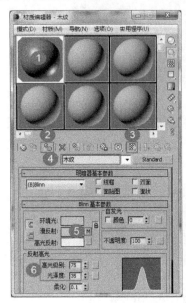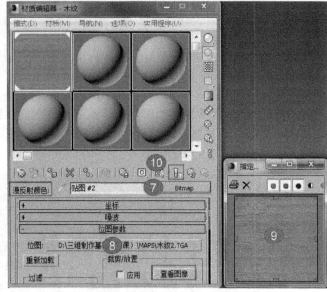

图 2-7-11　制作木纹材质牌匾

(11) 将第 1 个材质球拖拽到第 2 个材质球上，复制木纹材质球，重新命名为"大理石"，将"漫反射"贴图改为"大理石"位图，将该材质拖拽到文字上，制作大理石文字的效果，如图 2-7-12 所示。

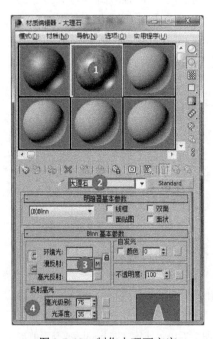

图 2-7-12　制作大理石文字

(12) 在场景中创建一盏光源，单击创建→灯光图标，在"对象类型"中选择"天光"，在牌匾前方中间单击鼠标左键，创建一束天光，勾选天光的渲染"投射阴影"选项，设置"每采样光线数"为 20，如图 2-7-13 所示。

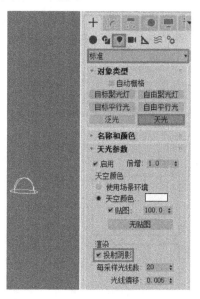

图 2-7-13　创建天光

(13) 选择透视图，设置安全框，单击所有视图最大化图标。按 F10 键打开"渲染设置"对话框，"输出大小"选的"800×600"像素，再单击"渲染"按钮，保存效果图。

(14) 依次单击 3ds Max 窗口左上角的"文件"→"归档"菜单命令，将设计结果归档为 .zip 后缀的压缩文件包。

2.8　竹　　笛

微　课

1. 设计要求

(1) 设计一根笛子，其内外半径分别为 6 cm 和 8 cm，长为 250 cm。

(2) 在笛子的正上方有 9 个圆孔，圆孔半径约为 4 cm，其中左边八个圆孔之间的间距均为 20 cm 左右，如图 2-8-1 所示。

(3) 设置渲染输出为 800×600 像素，并保存渲染图，将文件归档。

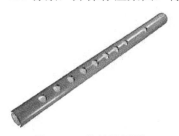

图 2-8-1　竹笛效果图

2. 设计过程

(1) 打开 3ds Max，使用重置命令重新设定系统，单击"自定义"→"单位设置"菜单命令，在弹出的"单位设置"对话框中设置"公制"为厘米，再单击"系统单位设置"按钮，在"系统单位设置"对话框中，设置 1 单位＝1 厘米，单击"确定"按钮，将系统单位设置为"厘米"，如图 2-8-2 所示。

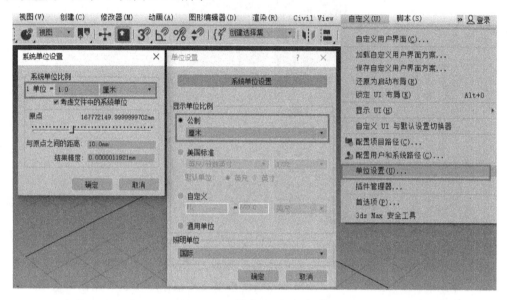

图 2-8-2　设置系统单位为厘米

(2) 选择工作窗口中的左视图，单击创建→几何体图标，在"标准基本体"类型中选择"管状体"，在"键盘输入"卷展栏中输入"内径"为 6 cm，"外径"为 8 cm，"高度"为 250 cm，单击"创建"按钮，在场景中创建一个笛子的初始模型，如图 2-8-3 所示。

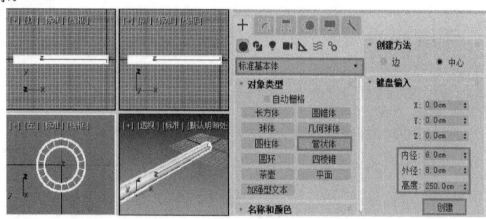

图 2-8-3　在左视图中创建一个笛子的初始模型

(3) 选择透视图，创建圆柱体，在"键盘输入"卷展栏中输入"半径"为 4 cm，"高度"为 6 cm，单击"创建"按钮，将该圆柱体作为竹笛的圆孔，如图 2-8-4 所示。

图 2-8-4 创建圆柱体

(4) 使用移动图标将圆柱体在左视图中向上移动，直至与管状体相交，再在前视图中将圆柱体向左移动一段距离，如图 2-8-5 所示。

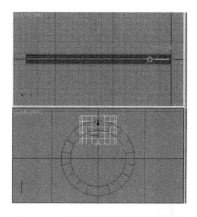

图 2-8-5 移动圆柱体到合理位置

(5) 选择当前视图为前视图，单击菜单栏的工具→阵列图标，在"阵列"对话框中输入"增量" X 值为 -20 cm，"实例"复制 8 个，单击"确定"按钮，将 8 个圆孔之间的间距设为 20 个单位左右，如图 2-8-6 所示。

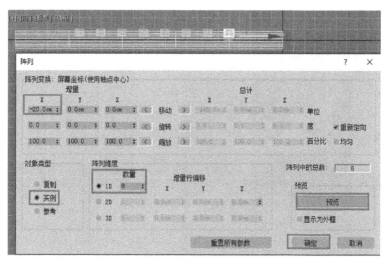

图 2-8-6 复制 8 个圆孔

(6) 激活移动图标，按住 Shift 键，将前视图左端的圆柱体向左侧移动一段距离，在弹出的对话框中选择"实例"，再单击"确定"按钮，复制第 9 个圆孔，如图 2-8-7 所示。

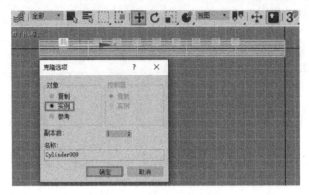

图 2-8-7　复制第 9 个圆柱体

(7) 将第 9 个圆柱体转换为"可编辑网格"，单击"附加列表"按钮，在弹出的对话框中按 Ctrl 键选择其余 8 个圆柱体，单击"附加"按钮，将所有圆柱体附加成为一个整体，如图 2-8-8 所示。

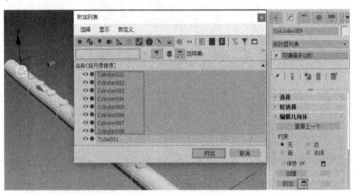

图 2-8-8　附加所有圆柱体成为一个整体

(8) 选择场景中的管状体，单击"复合对象"下的"布尔"按钮，在"布尔参数"卷展栏单击"添加运算对象"，单击任一个圆柱体，在"运算对象参数"卷展栏单击"差集"，制作竹笛圆孔，如图 2-8-9 所示。

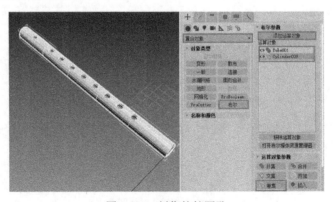

图 2-8-9　制作竹笛圆孔

(9) 按 M 键打开"材质编辑器"对话框,选择第一个材质球,将其"漫反射"颜色设置为 RGB(99,33,0),"高光级别"设为 90,"光泽度"设为 40,将该材质拖拽到竹笛上,如图 2-8-10 所示。

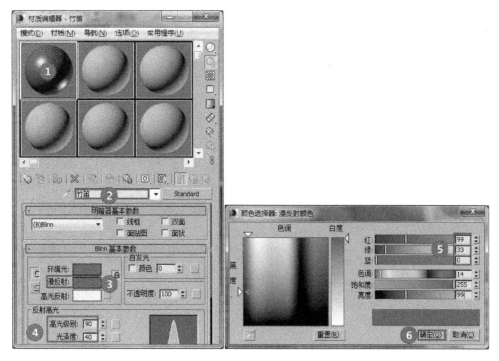

图 2-8-10　给竹笛赋材质

(10) 选择透视图,设置安全框,单击所有视图最大化图标。按 F10 键打开"渲染设置"对话框,"输出大小"选"800×600"像素,再单击"渲染"按钮,保存效果图。

(11) 依次单击 3ds Max 窗口左上角的"文件"→"归档"菜单命令,将设计结果归档为 .zip 后缀的压缩文件包。

模块 3　编辑修改器的使用

编辑修改器是 3ds Max 提供的一种雕刻和编辑对象的方法，可以更改对象的几何形状及其属性。它应用于对象的修改命令存储堆栈中，可以在堆栈中更改修改器的效果，或将其从对象中删除，可以给对象执行多个修改命令，或只针对对象的一部分执行多个修改命令。删除编辑修改命令后，该修改命令对物体所做的修改也随之消失，可以使用修改器堆栈显示中的控件将修改器移动和复制到其他对象。添加编辑修改命令的顺序很重要，每个修改命令都会影响它之后的修改。

3.1　弯　　板

微　课

1. 设计要求

(1) 在前视图建立一个方体，方体的长、宽、高分别为 200 cm、180 cm、8 cm，长、宽、高的分段数分别为 20、18、1。

(2) 使用适当的编辑修改命令，将方体上部约三分之一处压弯，弯曲角度为 90°，如图 3-1-1 所示。

(3) 设置渲染输出为 800×600 像素，保存渲染图，并将文件归档。

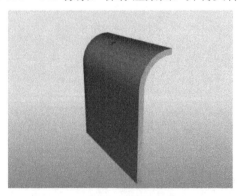

图 3-1-1　弯板效果图

2. 设计过程

(1) 打开 3ds Max，使用重置命令重新设定系统，单击"自定义"→"单位设置"菜单命令,在弹出的"单位设置"对话框中设置"公制"为厘米,再单击"系统单位设置"按钮,在弹出的"系统单位设置"对话框中设置 1 单位＝1 厘米,单击"确定"按钮,如图 3-1-2 所示。

图 3-1-2　设置系统单位为厘米

(2) 选择工作窗口中的透视图,将透视图最大化显示,单击创建→几何体图标,在"标准基本体"类型中选择"长方体",将"键盘输入"卷展栏中的"长度"设为 200 cm,"宽度"设为 180 cm,"高度"设为 8 cm,将"参数"卷展栏中的"长度分段"设为 20,"宽度分段"设为 18,单击"创建"按钮,如图 3-1-3 所示。

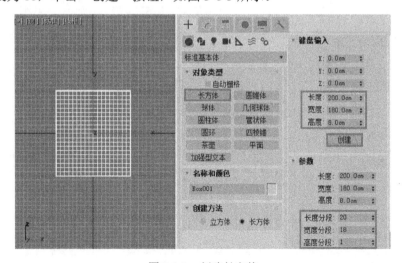

图 3-1-3　创建长方体

(3) 单击"修改器列表"下拉按钮,选择"弯曲",在"参数"卷展栏中,设置弯曲"角度"为 90,"方向"为 90,"弯曲轴"选 Y 轴,勾选"限制效果","上限"设为 90 cm。这些设置会将长方体上部约三分之一处压弯,如图 3-1-4 所示。

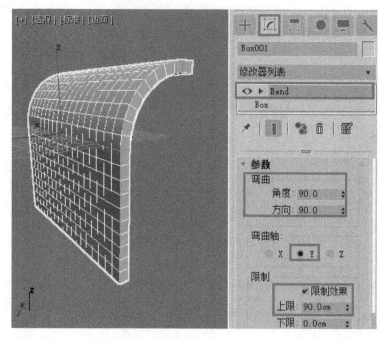

图 3-1-4　制作长方体弯曲效果

(4) 选择场景中的弯板，按 M 键打开"材质编辑器"，选择第一个材质球，命名为"木纹材质"，设置"高光级别"为 60，"光泽度"为 30，单击漫反射的"M"按钮，选择"木纹"位图作为漫反射贴图，将该材质拖放到场景中的弯板上，如图 3-1-5 所示。

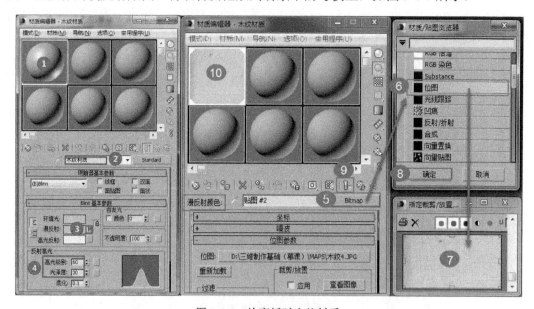

图 3-1-5　给弯板赋木纹材质

(5) 按数字 8 键打开"环境和效果"对话框，单击"环境贴图"按钮，选择"渐变坡度"作为环境背景。再按前述 M 键打开"材质编辑器"，将渐变坡度"环境贴图"的"贴图"按钮拖放到第二个材质球上，设置环境贴图坐标为"屏幕"，其"角度"坐标下的"W"

设为 −90，左侧色标为蓝色，右侧色标为绿色。具体操作如图 3-1-6 所示。

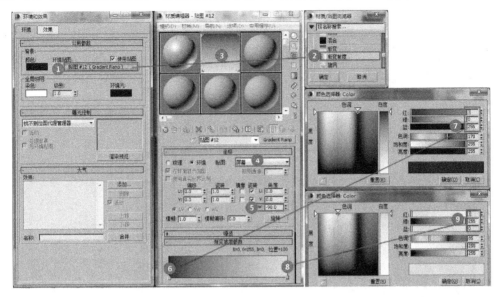

图 3-1-6　设置渐变坡度环境背景

(6) 选择透视图，设置安全框，单击所有视图最大化图标，按 F10 键打开"渲染设置"对话框，"输出大小"选择"800×600"像素，单击"渲染"按钮，保存效果图。

(7) 依次单击 3ds Max 窗口左上角的"文件"→"归档"菜单命令，将设计结果归档为 .zip 后缀的压缩文件包。

3.2　飞　　毯

微　课

1. 设计要求

(1) 在顶视图创建一个方体，方体的长、宽、高分别为 300 cm、400 cm、2 cm，长、宽、高的分段数分别为 20、20、1 个单位。

(2) 使用适当的编辑修改器，将毛毯制作出一些类似波浪的凹凸效果，其上下高度变化最大范围为 50 cm，如图 3-2-1 所示。

(3) 设置渲染输出为 800×600 像素，并保存渲染图，将文件归档。

图 3-2-1　飞毯效果图

2. 设计过程

(1) 打开 3ds Max，使用重置命令重新设定系统，单击"自定义"→"单位设置"菜单命令，在弹出的"单位设置"对话框中设置"公制"为厘米，再单击"系统单位设置"按钮，在"系统单位设置"对话框中，设置 1 单位 = 1 厘米，单击"确定"按钮，如图 3-2-2 所示。

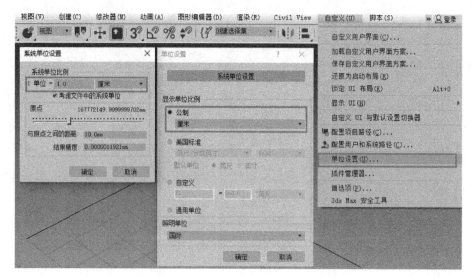

图 3-2-2　设置系统单位为厘米

(2) 选择工作窗口中的透视图，将透视图最大化显示，单击创建→几何体图标，在"标准基本体"类型中选择"长方体"，在"键盘输入"卷展栏中输入"长度"为 300 cm，"宽度"为 400 cm，"高度"为 2 cm，在"参数"卷展栏中输入"长度分段"为 20，"宽度分段"为 20，"高度分段"为 1，再单击"创建"按钮，如图 3-2-3 所示。

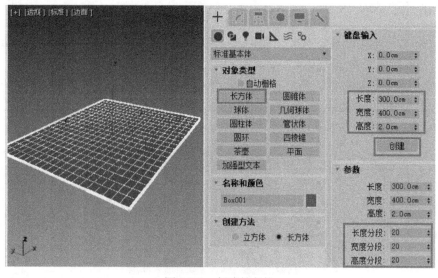

图 3-2-3　创建长方体

(3) 单击"修改器列表"下拉按钮,选择"Noise"(噪波),在噪波"参数"卷展栏中设置 Z 轴强度为 50 cm,制作一些类似波浪的凹凸效果,其上下高度变化最大范围为 50 个单位,如图 3-2-4 所示。

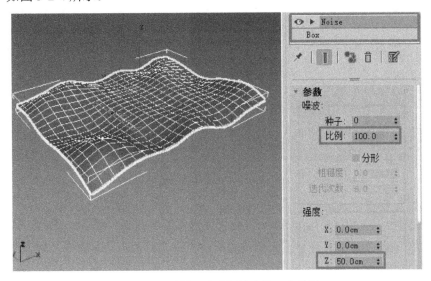

图 3-2-4　制作毛毯类似波浪的凹凸效果

(4) 选择场景中的毛毯,按 M 键打开"材质编辑器",选择第一个材质球,命名为"毛毯材质",单击"漫反射"的"M"按钮,选择毛毯的位图作为贴图,将该材质拖放到场景中的毛毯上,如图 3-2-5 所示。

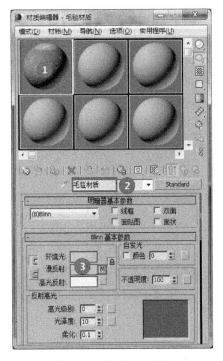

图 3-2-5　给毛毯赋材质

(5) 按快捷键(数字 8 键)打开"环境和效果"对话框,单击"贴图"按钮,选择"天空"位图作为环境背景,再按 M 键打开"材质编辑器",将天空环境贴图按钮拖放到第二个材质球上,设置环境贴图坐标为"屏幕",如图 3-2-6 所示。

图 3-2-6　设置天空环境背景

(6) 选择透视图,设置安全框,单击所有视图最大化图标,按 F10 键打开"渲染设置"对话框,"输出大小"选择"800×600"像素,再单击"渲染"按钮,保存效果图。

(7) 依次单击 3ds Max 窗口左上角的"文件"→"归档"菜单命令,将设计结果归档为 .zip 后缀的压缩文件包。

3.3　钢　丝　绳

微课

1. 设计要求

(1) 设计一段钢丝绳,由三根小钢丝组成,每根小钢丝的半径为 5 cm,高度为 250 cm,高度的分段数为 60。

(2) 三根小钢丝必须相互拧在一起成绳索状,拧成的最大角度为 1080°,如图 3-3-1 所示。

(3) 设置渲染输出为 800×600 像素,并保存渲染图,将文件归档。

图 3-3-1　钢丝绳效果图

2. 设计过程

(1) 打开 3ds Max,使用重置命令重新设定系统,单击"自定义"→"单位设置"菜单命令，在弹出的"单位设置"对话框中，设置"公制"为厘米，再单击"系统单位设置"按钮，在"系统单位设置"对话框中，设置 1 单位 = 1 厘米，单击"确定"按钮，如图 3-3-2 所示。

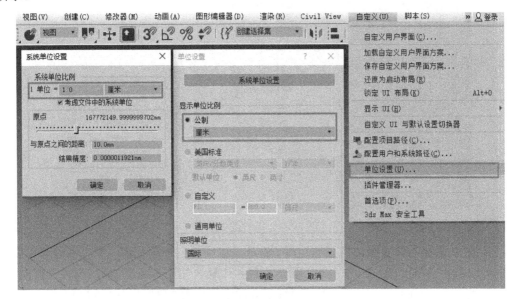

图 3-3-2　设置系统单位为厘米

(2) 选择工作窗口中的透视图，将透视图最大化显示，单击创建→几何体图标，在"标准基本体"的类型中选择"圆柱体"，在"键盘输入"卷展栏中输入"半径"为 5 cm，"高度"为 250 cm，在"参数"卷展栏中输入"高度分段"为 60，单击"创建"按钮，在场景中创建钢丝绳的圆柱体，如图 3-3-3 所示。

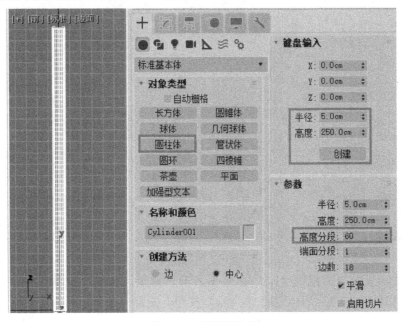

图 3-3-3　创建圆柱体

(3) 按 T 键将当前视图切换至顶视图，实例复制 2 个圆柱体，将 3 个圆柱体呈三角形摆放，如图 3-3-4 所示。

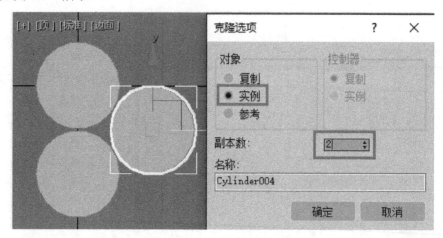

图 3-3-4　复制圆柱体

(4) 按 P 键将当前视图切换至透视图，框选场景中的三个圆柱体，在"修改器列表"下选择"Twist"(扭曲)命令，在其"参数"卷展栏中输入扭曲"角度"为 1080，"扭曲轴"选择 Z，将三根小钢丝相互拧在一起成绳索状，拧成的最大"角度"为 1080 度，如图 3-3-5 所示。

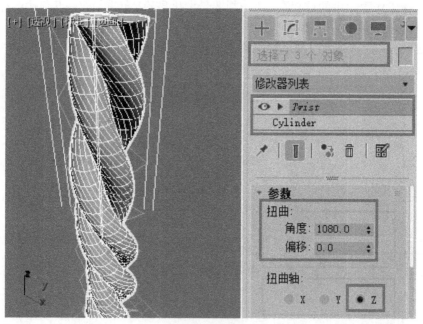

图 3-3-5　制作钢丝绳

(5) 框选场景中的 3 根钢丝绳，按 M 键打开"材质编辑器"，选择第一个材质球，命名为"金属材质"，单击"漫反射"的"M"按钮，选择"金属反射材质贴图"的位图作为反射贴图，其"模糊偏移"设为 0.2。选择"锈铁"位图作为漫反射颜色贴图，再将漫反射贴图拖放到"凹凸"后的"贴图类型"按钮上，实例复制该贴图，制作钢丝绳的铁锈效果，并将该材质拖放到场景中的钢丝绳上。具体操作如图 3-3-6 所示。

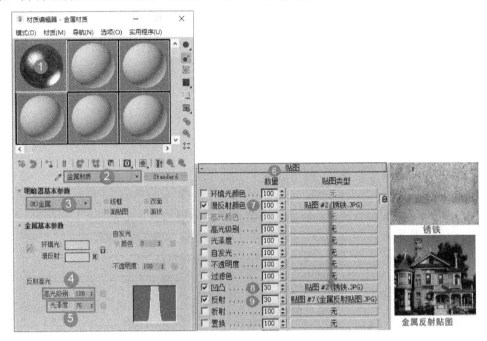

图 3-3-6　给钢丝绳赋材质

（6）按快捷键(数字 8 键)打开"环境和效果"对话框，单击"环境贴图"按钮，选择"渐变坡度"作为环境背景，再按 M 键打开"材质编辑器"，将"环境贴图"的"贴图"按钮拖放到第二个材质球上，设置"贴图"坐标为"屏幕"，其"角度"坐标"W"设为 –90，左侧与右侧色标为蓝色，中间色标为黄色。具体操作如图 3-3-7 所示。

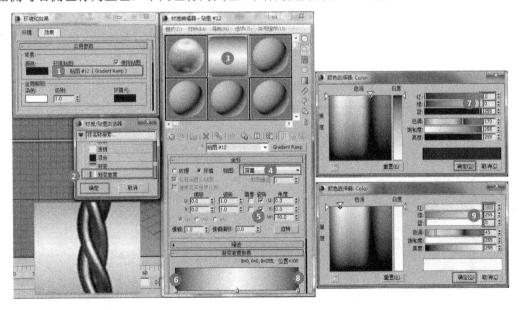

图 3-3-7　设置渐变坡度环境背景

（7）选择透视图，设置安全框，单击所有视图最大化图标，按 F10 键打开"渲染设置"

对话框,"输出大小"选择"800×600"像素,再单击"渲染"按钮,保存效果图。

(8) 依次单击 3ds Max 窗口左上角的"文件"→"归档"菜单命令,将设计结果归档为 .zip 后缀的压缩文件包。

3.4 钢　　圈

微　课

1. 设计要求

(1) 在顶视图建立一个圆环,圆环的两个半径分别为 80 cm 和 5 cm,圆环的边数为 20,分段数为 60。

(2) 使用适当的编辑修改器,将圆环编辑成车轮钢圈模型,如图 3-4-1 所示。

(3) 设置渲染输出为 800×600 像素,并保存渲染图,将文件归档。

图 3-4-1　钢圈效果图

2. 设计过程

(1) 打开 3ds Max,使用重置命令重新设定系统,单击"自定义"→"单位设置"菜单命令,在弹出的"单位设置"对话框中设置"公制"为厘米,再单击"系统单位设置"按钮,在"系统单位设置"对话框中,设置 1 单位 = 1 厘米,单击"确定"按钮,如图 3-4-2 所示。

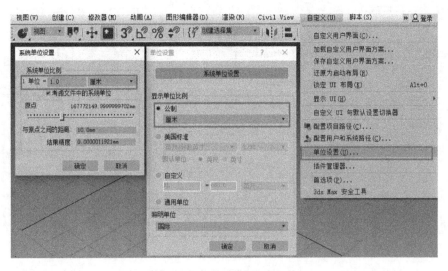

图 3-4-2　设置系统单位为厘米

(2) 选择工作窗口中的透视图，将透视图最大化显示，单击创建→几何体图标，在"标准基本体"的类型中选择"圆环"，在"键盘输入"卷展栏中输入"主半径"为 80 cm，"次半径"为 5 cm，在"参数"卷展栏中输入"分段"为 60，"边数"为 20，单击"创建"按钮，如图 3-4-3 所示。

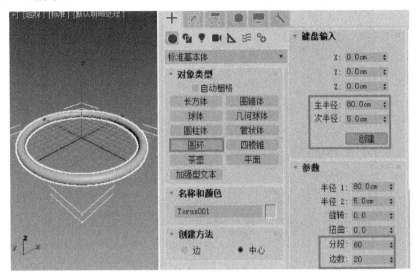

图 3-4-3　创建圆环

(3) 单击"修改器列表"下拉按钮，选择"挤压"，在其"参数"卷展栏中设置钢圈"轴向凸出""数量"为 0.5；"径向挤压""数量"为 0.1，"曲线"为 2，如图 3-4-4 所示。

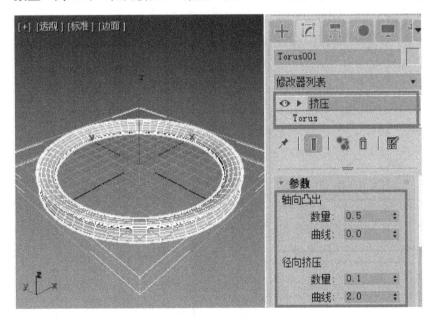

图 3-4-4　制作钢圈

(4) 选择场景中的钢圈，按 M 键打开"材质编辑器"，选择第一个材质球，命名为"金属材质"，单击"漫反射"的"M"按钮，选择金属反射材质贴图的位图作为反射贴图，将该材质拖放到场景中的钢圈上，如图 3-4-5 所示。

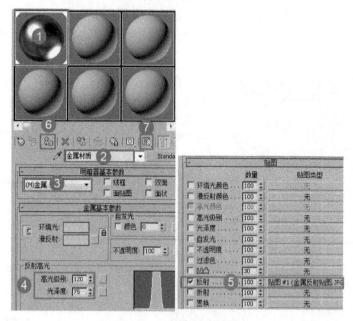

图 3-4-5　给钢圈赋材质

(5) 按快捷键(数字 8 键)打开"环境和效果"对话框，单击"环境贴图"按钮，选择"渐变坡度"作为环境背景，再按 M 键打开"材质编辑器"，将渐变坡度环境贴图按钮拖放到第二个材质球上，设置环境贴图坐标为"屏幕"，其"角度"坐标"W"设为 -90，左侧与右侧色标为橙色，中间色标为绿色。具体操作如图 3-4-6 所示。

图 3-4-6　设置渐变坡度环境背景

（6）选择透视图，设置安全框，单击所有视图最大化图标，按 F10 键打开"渲染设置"对话框，"输出大小"选择"800×600"像素，再单击"渲染"按钮，保存效果图。

（7）依次单击 3ds Max 窗口左上角的"文件"→"归档"菜单命令，将设计结果归档为 .zip 后缀的压缩文件包。

3.5　纸　　杯

微　课

1．设计要求

（1）在前视图创建并编辑纸杯造型图形。

（2）使用适当的编辑修改命令，将场景中的二维图形编辑成一只纸杯三维模型，纸杯的杯底要光滑，不产生皱痕，纸杯分段数为 36，如图 3-5-1 所示。

（3）设置渲染输出为 800×600 像素，并保存渲染图，将文件归档。

图 3-5-1　纸杯效果图

2．设计过程

（1）打开 3ds Max，使用重置命令重新设定系统，单击"自定义"→"单位设置"菜单命令，在弹出的"单位设置"对话框中设置"公制"为毫米，再单击"系统单位设置"按钮，在"系统单位设置"对话框中设置 1 单位 = 1 毫米，单击"确定"按钮，如图 3-5-2 所示。

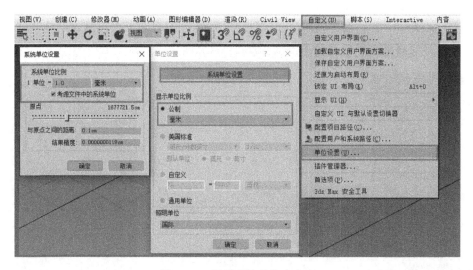

图 3-5-2　设置系统单位为毫米

（2）选择工作窗口中的前视图，并将视图最大化显示，单击创建→图形图标，选择"矩形"，在"键盘输入"卷展栏中输入"长度"为 90 mm，"宽度"为 70 mm，单击"创建"按钮，单击鼠标右键将矩形"转换为可编辑样条线"，如图 3-5-3 所示。

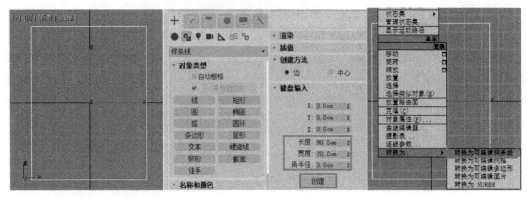

图 3-5-3　创建矩形

(3) 按快捷键(数字 2 键)激活线段编辑模式，框选上、下两条线段，拆分 1 次后变成 2 段，再将矩形左侧线段及上面线段删除，使线段变为反的"L"形，如图 3-5-4 所示。

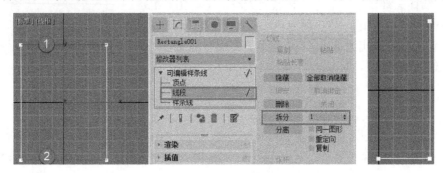

图 3-5-4　编辑矩形为反的"L"形

(4) 按快捷键(数字 1 键)激活顶点编辑模式，执行"优化"命令，在线段上根据纸杯截面，插入相应顶点。框选所有顶点，将所有顶点转换为"线性"编辑模式，并调整相应顶点的位置，将线段编辑成纸杯截面造型，如图 3-5-5 所示。

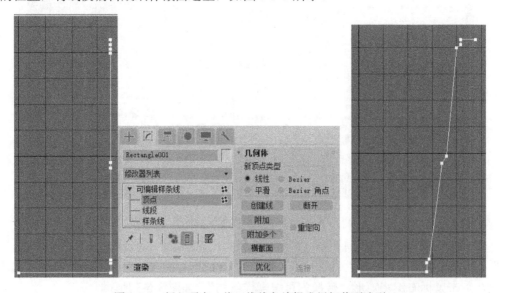

图 3-5-5　插入顶点，将二维线条编辑成纸杯截面造型

(5) 按快捷键(数字 3 键)激活样条线编辑模式，激活"轮廓"命令，选择场景中的线条向外拖，拉出纸杯厚度的封闭轮廓曲线，如图 3-5-6 所示。

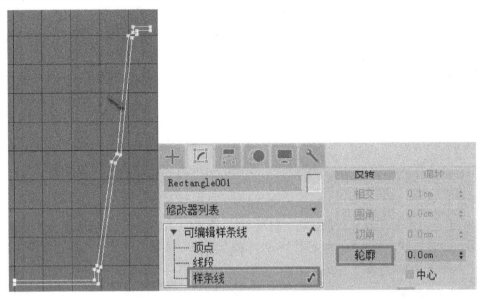

图 3-5-6 制作纸杯厚度轮廓曲线

(6) 在"修改器列表"下选择"车削"，在"参数"卷展栏中设置"分段"为 32，"方向"的"Y"为轴，"对齐"为"最小"，制作纸杯三维模型，如图 3-5-7 所示。

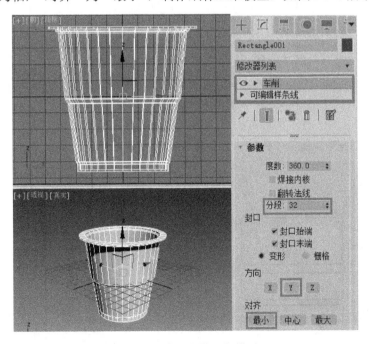

图 3-5-7 车削制作纸杯模型

(7) 选择纸杯，将其"转换为可编辑多边形"，按快捷键(数字 4 键)激活"多边形"编辑模式，框选纸杯所有的面，在"多边形：材质 ID"中设置纸杯所有面的 ID 为 1，如图

3-5-8 所示。

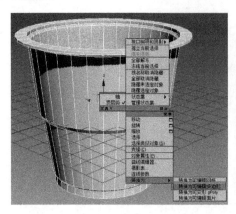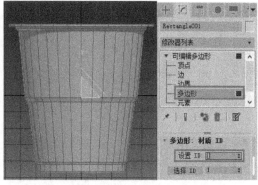

图 3-5-8　设置纸杯材质 ID 号为 1

（8）框选纸杯中间部分的面，将"材质 ID"设置为 2，打开"材质编辑器"卷展栏，选择第一个材质球，命名为"纸杯材质"，选择"多维/子对象"的复合材质，设置其 ID 数为"2"，如图 3-5-9 所示。

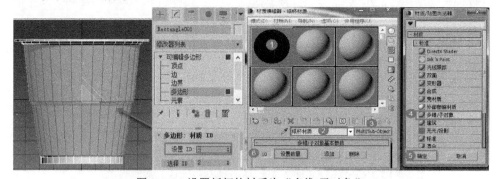

图 3-5-9　设置纸杯的材质为"多维/子对象"

（9）设置 ID1 的子材质为标准材质，其"漫反射"颜色为白色，ID2 子材质也为标准材质，其漫反射贴图为金鱼位图，将该材质赋给场景中的纸杯，如图 3-5-10 所示。

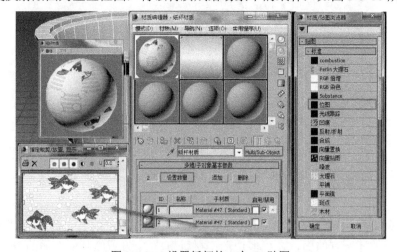

图 3-5-10　设置纸杯的 2 个 ID 贴图

(10) 由于纸杯上无法正常显示金鱼的贴图，需要执行"UVW 贴图"命令。将当前视图切换到前视图，设置"平面"贴图，"对齐"X 轴，"视图对齐"当前视图，"适配"金鱼的位图，将贴图合理显示出来，如图 3-5-11 所示。

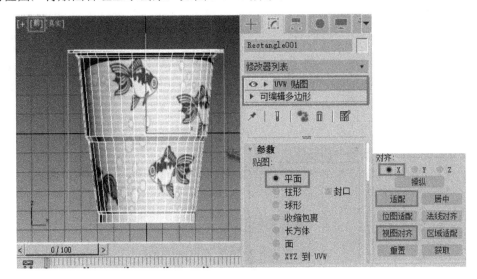

图 3-5-11　设置 UVW 贴图

(11) 按快捷键(数字 8 键)打开"环境和效果"对话框，选择环境贴图为"渐变坡度"类型，将该环境贴图拖放到材质编辑器的第二个材质球上，设置"屏幕"环境贴图，"角度"中的"W"设为 −90 度，左侧色标为橙色，中间色标为黄色，右侧色标为蓝色。具体操作如图 3-5-12 所示。

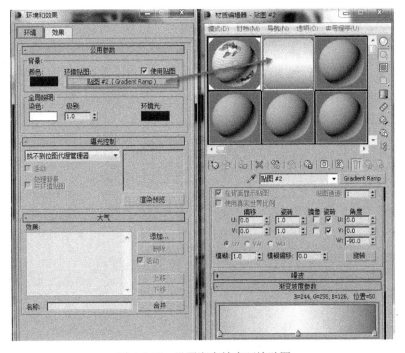

图 3-5-12　设置渐变坡度环境贴图

(12) 选择透视图，设置安全框，单击所有视图最大化图标，按 F10 键打开"渲染设置"对话框，"输出大小"选择"800×600"像素，再单击"渲染"按钮，保存效果图。

(13) 依次单击 3ds Max 窗口左上角"文件"→"归档"菜单命令，将设计结果归档为 .zip 后缀的压缩文件包。

3.6　子　弹　头

1. 设计要求

(1) 在透视图中创建一个圆柱体。

(2) 使用适当的编辑修改命令，将场景中的物体编辑成子弹头模型，如图 3-6-1 所示。

(3) 设置渲染输出为 800×600 像素，并保存渲染图，将文件归档。

图 3-6-1　子弹头效果图

2. 设计过程

(1) 打开 3ds Max，使用重置命令重新设定系统，单击"自定义"→"单位设置"菜单命令，在弹出的"单位设置"对话框中设置"公制"为厘米，再单击"系统单位设置"按钮，在"系统单位设置"对话框中，设置 1 单位 = 1 厘米，单击"确定"按钮，如图 3-6-2 所示。

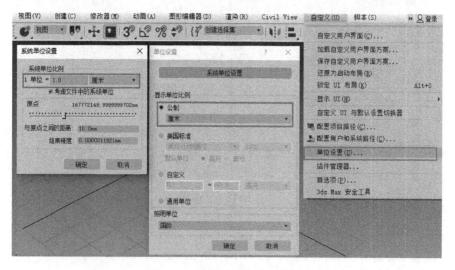

图 3-6-2　设置系统单位为厘米

(2) 选择工作窗口中的透视图，并将视图最大化显示，单击创建→几何体图标，选择"圆柱体"，在"键盘输入"卷展栏中输入"半径"为 5 cm，"高度"为 15 cm，在"参数"卷展栏中输入"高度分段"为 10，"边数"为 24，单击"创建"按钮，在场景中创建子弹头的初始模型，如图 3-6-3 所示。

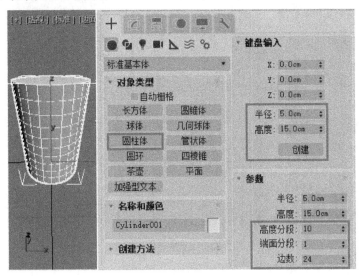

图 3-6-3　创建圆柱体

(3) 按 F 键将当前视图切换到前视图，选择圆柱体，在"修改器列表"下选择"FFD(圆柱体)"命令，单击"设置点数"按钮，设置边数为 6×6×3(边数×径向×高度)。展开"FFD(圆柱体)"前的"+"，激活"控制点"，框选顶端所有顶点，使用缩放图标将顶点收缩成一个点，再框选中间所有顶点，使用缩放图标将顶点向内收缩，制作出子弹头的三维效果，如图 3-6-4 所示。

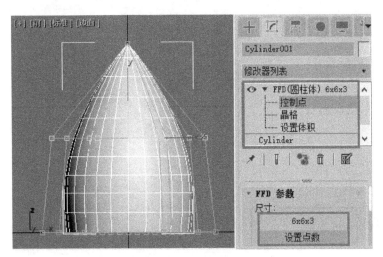

图 3-6-4　制作子弹头三维模型

(4) 按 M 键打开"材质编辑器"，选择第一个材质球命名为"金属材质"，选择"金属"明暗器，设置"漫反射"颜色为橙色 RGB(243，117，0)，"高光级别"设为 120，"光泽度”设为 75，在“贴图”卷展栏中设置“反射”的“贴图类型”为“金属反射贴图.JPG”，设置“模糊偏移值”为 0.2，将该材质拖放到子弹头上，如图 3-6-5 所示。

图 3-6-5　设置金属材质

(5) 按快捷键(数字 8 键)打开“环境和效果”对话框，设置环境贴图为“渐变坡度”，将该环境贴图拖放到“材质编辑器”的第二个材质球上，“实例”复制该贴图，设置贴图坐标为“屏幕”，“角度”的“W”为 −90，翻转渐变坡度角度，“渐变坡度参数”的左侧色标为蓝色，中间为绿色，右侧为紫红色，如图 3-6-6 所示。

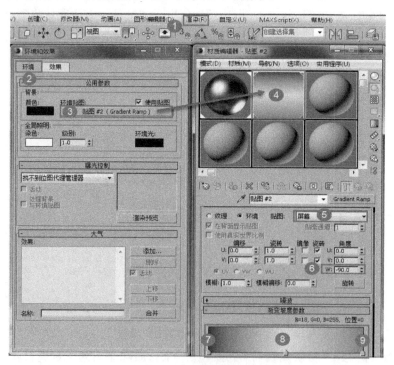

图 3-6-6　设置渐变坡度环境参数

（6）选择透视图，设置安全框，单击所有视图最大化图标，按 F10 键打开"渲染设置"对话框，"输出大小"选择"800×600"像素，再单击"渲染"按钮，保存效果图。

（7）依次单击 3ds Max 窗口左上角的"文件"→"归档"菜单命令，将设计结果归档为 .zip 后缀的压缩文件包。

3.7　倒 角 文 字

微　课

1. 设计要求

（1）在前视图中创建一个大小为 100 磅、字体为黑体的文本——"高新技术"。

（2）使用适当的编辑修改命令，将文本编辑成倒角三维文字，该文字总体厚度为 20 cm，前、后两个端面的倒角度约 2 个曲线边，如图 3-7-1 所示。

（3）设置渲染输出为 800 × 600 像素，并保存渲染图，将文件归档。

图 3-7-1　倒角文字效果图

2. 设计过程

（1）打开 3ds Max，使用重置命令重新设定系统，单击"自定义"→"单位设置"菜单命令，在弹出的"单位设置"对话框中设置"公制"为厘米，再单击"系统单位设置"按钮，在"系统单位设置"对话框中，设置 1 单位 = 1 厘米，单击"确定"按钮，如图 3-7-2所示。

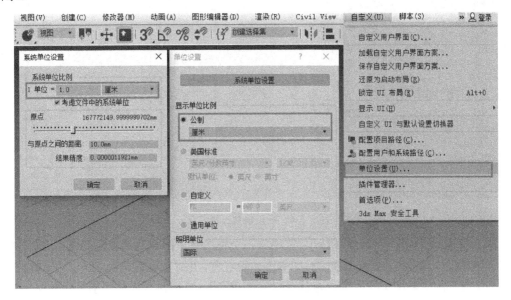

图 3-7-2　设置系统单位为厘米

（2）选择工作窗口中的前视图，并将视图最大化显示，单击创建→图形图标，选择"文本"，在"参数"卷展栏中设置字体为黑体，大小为 100 cm，在文本输入框中输入"高新技术"，在前视图原点处单击鼠标左键创建文字，再单击鼠标右键结束文字的创建，如图 3-7-3 所示。

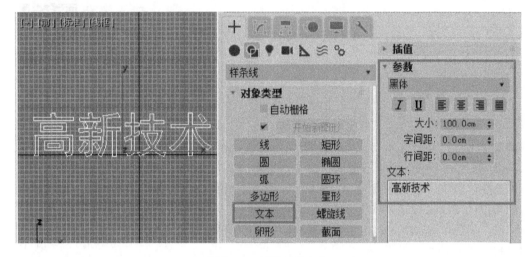

图 3-7-3　创建二维文字

（3）单击"修改器列表"的下拉按钮，选择"倒角"，在"倒角值"卷展栏中设置"级别 1"高度为 20 cm；"级别 2"高度为 2 cm，轮廓为 -0.5 cm；"级别 3"高度为 -2 cm，轮廓为 -0.5 cm，将文本编辑成倒角三维文字，如图 3-7-4 所示。

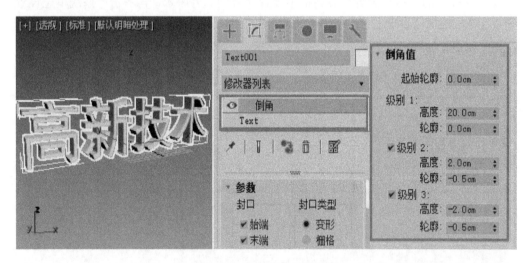

图 3-7-4　制作倒角三维文字

（4）按 M 键打开"材质编辑器"，选择第一个材质球，命名为"金属材质"，选择"金属"明暗器基本参数，设置"漫反射"颜色为粉红色，"高光级别"为 120，"光泽度"为 75，"反射"的"贴图类型"为"金属反射贴图.JPG"，将该材质拖放到场景中的文字上，如图 3-7-5 所示。

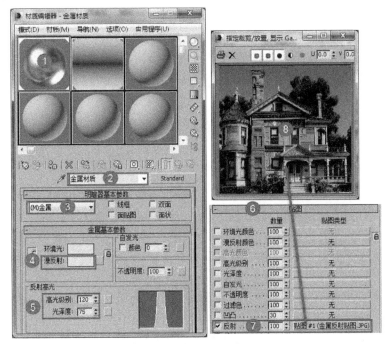

图 3-7-5　设置金属材质

(5) 按快捷键(数字 8 键)打开"环境和效果"对话框,选择环境贴图为"渐变坡度",将该环境贴图拖放到第二个材质球上,选择"实例"复制该贴图,设置坐标贴图为"屏幕","角度"的"W"为 −90,将渐变坡度的贴图顺时针旋转 90 度,调整"渐变坡度参数"中左侧色标为浅蓝色,中间色标为蓝色,右侧色标为绿色。具体操作如图 3-7-6 所示。

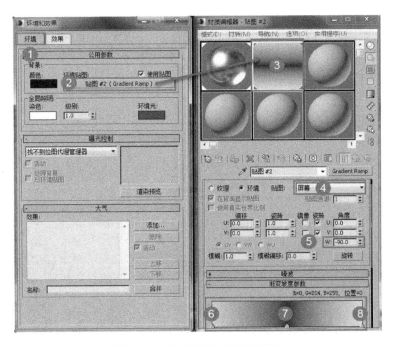

图 3-7-6　设置渐变坡度环境背景

（6）选择透视图，设置安全框，单击所有视图最大化图标，按 F10 键打开"渲染设置"对话框，"输出大小"选择"800×600"像素，再单击"渲染"按钮，保存效果图。

（7）依次单击 3dsmax 窗口左上角的"文件"→"归档"菜单命令，将设计结果归档为 .zip 后缀的压缩文件包。

3.8 枕 头

微 课

1. 设计要求

（1）创建一个长方体，长度为 40 cm、宽度为 60 cm、高度为 10 cm。

（2）使用适当的编辑修改命令，将场景中的物体编辑成一个枕头模型，如图 3-8-1 所示。

（3）设置渲染输出为 800×600 像素，并保存渲染图，将文件归档。

图 3-8-1　枕头效果图

2. 设计过程

（1）打开 3ds Max，使用重置命令重新设定系统，单击"自定义"→"单位设置"菜单命令，在弹出的"单位设置"对话框中设置"公制"为厘米，再单击"系统单位设置"按钮，在"系统单位设置"对话框中设置 1 单位＝1 厘米，单击"确定"按钮，如图 3-8-2 所示。

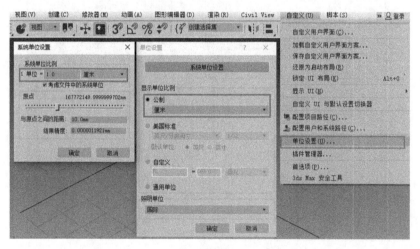

图 3-8-2　设置系统单位为厘米

（2）选择工作窗口中的前视图，并将视图最大化显示，单击创建→几何体图标。选择"长方体"，在"键盘输入"卷展栏中输入"长度"为 40 cm，"宽度"为 60 cm，"高度"为 10 cm，在"参数"卷展栏中输入"长度分段"为 2，"宽度分段"为 2，单击"确定"按钮，在场景中创建一个长方体，如图 3-8-3 所示。

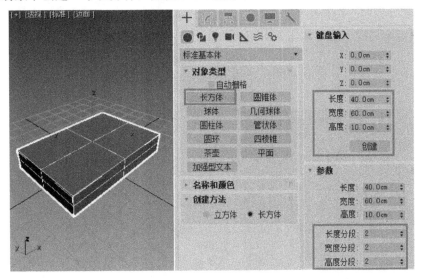

图 3-8-3　创建长方体

（3）选择"修改器列表"→"网格平滑"，在"细分量"卷展栏中设置"迭代次数"为2，观察长方体，会发现表面增加了许多网格线的划分，由一个有棱有角的长方体变成一个圆滑肥皂状物体。勾选"显示框架"复选框，激活透视图，在物体的外围将出现一个桔黄色的线框，线框上有一些蓝色的控制点。具体操作如图 3-8-4 所示。

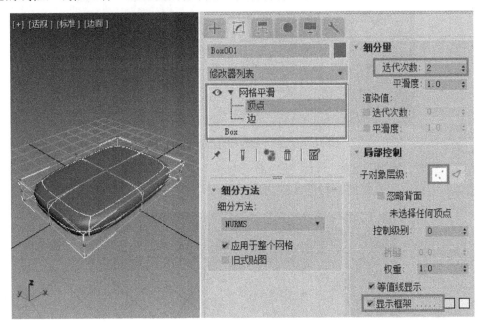

图 3-8-4　显示控制网格

注：使用 MeshSmooth 修改器对网格物体进行光滑处理，事实上就是在原网格的基础上对其进行更多面的细分，因此要求原物体的网格面尽可能地少一些；再一点就是设置细分迭代次数要由小到大慢慢试验，大多数迭代两三次就足够了，如果迭代次数设置过大，即便计算机配置非常高，也可能会因计算量过大而造成系统崩溃。

(4) 选择线框四个边角中间的控制点，在"局部控制"卷展栏中修改"权重"值为 12，为选中的顶点增加权重值，如图 3-8-5 所示。

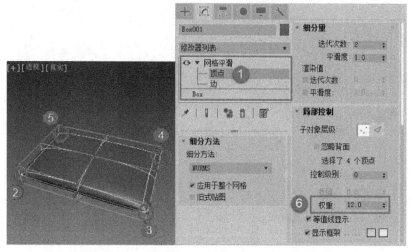

图 3-8-5　增加线框四个边角中间的控制点的权重值

(5) 在顶视图中选择位于中间的 2、3、4、5 的 4 个顶点，使用移动图标，分别向内移动一段距离，使枕头的四个边角变得尖锐些，如图 3-8-6 所示。

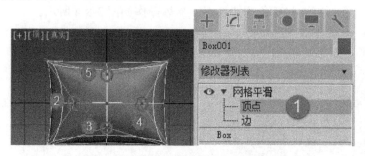

图 3-8-6　将枕头中间的顶点向内移动

(6) 框选枕头两侧所有的顶点，使之沿 Z 轴向下移动一段距离，再选择枕头中间的顶点，使之向下移动一段距离，如图 3-8-7 所示。

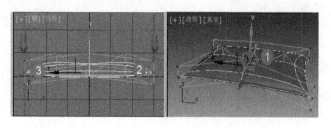

图 3-8-7　下移枕头正中间点制作凹陷效果

(7) 按 M 键打开"材质编辑器"，命名为"枕头材质"，单击"漫反射"后的"M"按钮，选择位图"花格布.JPG"，将该材质拖放到场景中的枕头上，此时格子纹理不规则。在"修改器列表"下选择"UVW 贴图"，点选"平面"，设置"U 向平铺"为 2，"V 向平铺"为 2，场景中花格纹理将均匀平铺在枕头上，如图 3-8-8 所示。

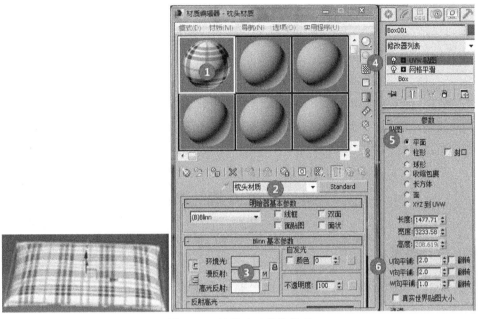

图 3-8-8　给枕头赋花格纹理

(8) 按快捷键(数字 8 键)打开"环境和效果"对话框，单击背景颜色为蓝色 RGB(0，115，245)，将环境背景设置为蓝色，如图 3-8-9 所示。

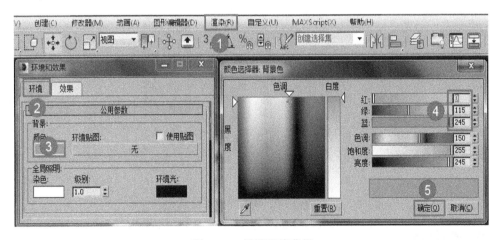

图 3-8-9　设置环境背景

(9) 选择透视图，设置安全框，单击所有视图最大化图标。按 F10 键打开"渲染设置"对话框，"输出大小"选择"800×600"像素，再单击"渲染"按钮，保存效果图。

(10) 依次单击 3ds Max 窗口左上角的"文件"→"归档"菜单命令，将设计结果归档为 .zip 后缀的压缩文件包。

模块 4　三 维 放 样

3ds Max 放样是指将一个二维形体对象作为沿某个路径的剖面而形成复杂的三维对象。简而言之，就是在 3ds Max 中将二维图形作为一条路径，在其不同的位置获取不同的形状而生成的复杂三维模型。

4.1 变 形 棒

微 课

1. 设计要求

(1) 设计一根变形棒，其顶部横切面为圆形，圆形半径为 60 cm，底部横切面为正方形，边长为 160 cm。

(2) 变形棒高度为 400 cm，横切面形状在 100 cm 处，即由方形变为圆形。

(3) 更改路径的步数为 20。

(4) 设置渲染输出为 800×600 像素，并保存渲染图，效果如图 4-1-1 所示，将文件归档。

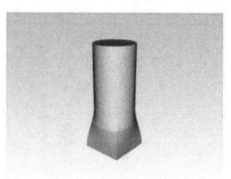

图 4-1-1　变形棒效果图

2. 设计过程

(1) 打开 3ds Max，使用重置命令重新设定系统，单击"自定义"→"单位设置"菜单命令，在弹出的"单位设置"对话框中，设置"公制"为厘米，再单击"系统单位设置"按钮，在"系统单位设置"对话框中设置 1 单位＝1 厘米，单击"确定"按钮，如图 4-1-2所示。

图 4-1-2   设置系统单位为厘米

(2) 选择工作窗口中的透视图，并将视图最大化显示，单击创建→图形图标，选择"圆"，在"键盘输入"卷展栏中设置"半径"为 60 cm，单击"创建"按钮，在场景中创建一个圆，如图 4-1-3 所示。

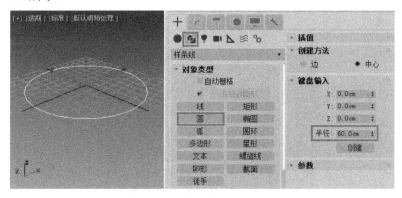

图 4-1-3   在透视图中创建一个圆

(3) 在"对象类型"卷展栏中选择"矩形"，在"键盘输入"卷展栏中输入"长度"为 160 cm，"宽度"为 160 cm，单击"创建"按钮，在场景中原点处创建一个正方形，如图 4-1-4 所示。

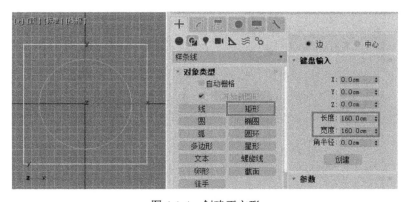

图 4-1-4   创建正方形

(4) 在"对象类型"卷展栏中选择"线"，在"键盘输入"卷展栏输入 Z 为 0 cm，单击"添加点"，在原点处创建一个顶点，再输入 Z 值 400 cm，单击"添加点"按钮，最后单击"完成"按钮，在场景中创建一条长 400 cm 的直线，如图 4-1-5 所示。

图 4-1-5　创建一根长 400 cm 的直线

(5) 下面制作一根变形棒，在场景中选择直线作为放样路径，单击创建→几何体图标，单击下拉菜单按钮，选择"复合对象"，在"对象类型"卷展栏中单击"放样"按钮，在"创建方法"卷展栏中单击"获取图形"按钮，单击场景中的正方形作为放样图形，制作变形棒下面方体部分，如图 4-1-6 所示。

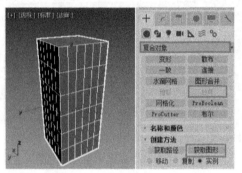

图 4-1-6　放样制作方体

(6) 在"路径参数"卷展栏中输入"路径"值为 25，单击场景中的圆形，即在路径的 25%处开始放样圆形，如图 4-1-7 所示。

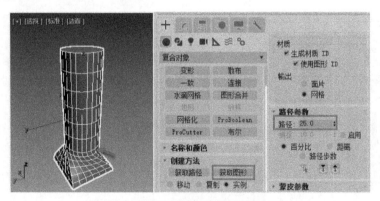

图 4-1-7　放样制作变形棒上部圆柱部分

(7) 此时发现变形棒的方体到圆柱连接处发生扭曲,下面来对变形棒做以调整。选择变形棒,展开"Loft"前的"+"按钮,单击"图形"按钮,再单击"比较"按钮;在弹出的"比较"对话框中单击获取图标(小手形状)。在透视图中变形棒的0%处单击正方形,此时在"比较"对话框中将出现正方形图案,再在变形棒的25%处单击圆形,在"比较"对话框中将出现圆形图案。单击工具栏的旋转工具图标,在透视图的变形棒上单击鼠标左键,透视图上的环开始旋转;将鼠标放在中间黄色环线上向左拉动,可以看到"比较"对话框中的圆发生旋转,当圆上的控制点旋转到与正方形控制点及圆心成一条直线时,停止旋转,此时变形棒就不会再出现扭曲现象了,如图4-1-8所示。

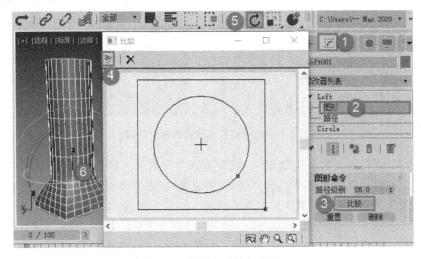

图 4-1-8　调整变形棒扭转状态

(8) 展开"修改器列表"下的"蒙皮参数"卷展栏,设置"路径步数"为20,可以看到变形棒横向的截面线条增加,这样可以使变形棒变得更圆滑,如图4-1-9所示。

(9) 按F键将当前视图切换到前视图,单击鼠标右键,在弹出的菜单选项中选择"转换为可编辑网格",如图4-1-10所示。

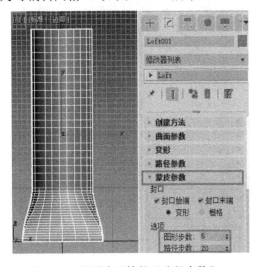

图 4-1-9　设置变形棒的"路径步数"

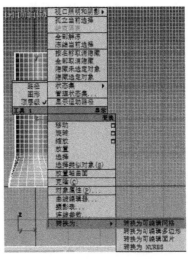

图 4-1-10　将变形棒转换成可编辑网格

(10) 选择"可编辑网格"下的"多边形",在前视图中框选变形棒所有的面,再在右侧命令面板中将"设置 ID"设为 1,再框选变形棒上部的圆柱体部分,在右侧命令面板中将"设置 ID"设为 2,如图 4-1-11 所示。

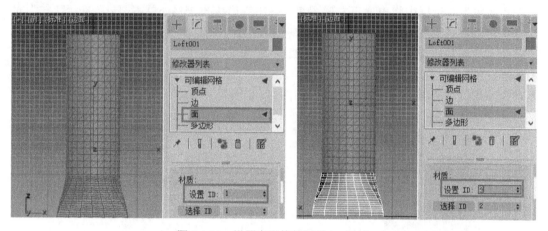

图 4-1-11　设置变形棒的两种 ID 区域

(11) 按 M 键打开"材质编辑器",选择第一个材质球,命名为"变形棒材质",单击后面的按钮,在弹出的对话框中选择"多维/子对象"。在"多维/子对象基本参数"卷展栏中"设置数量"为 2,单击"ID1"的"子材质"按钮,选择"标准"材质,设置"ID1"的"子材质"的漫反射颜色为浅红色(RGB(255,116,116)),并在其"贴图"卷展栏中单击"凹凸"的"贴图类型"的"无"按钮,选择"Noise"(噪波);设置"噪波参数"中的"大小"为 30。将 ID1 子材质拖放到 ID2 子材质上,单击其后的色块,将其设置为纯白色,将该材质拖放到场景中的变形棒上。具体操作如图 4-1-12 所示。

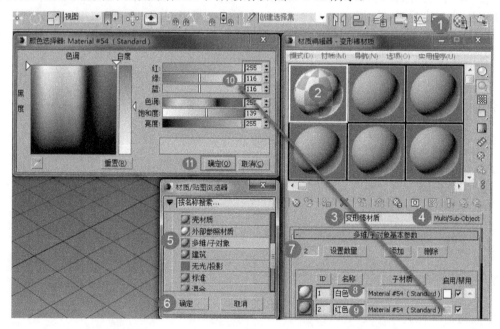

(a)

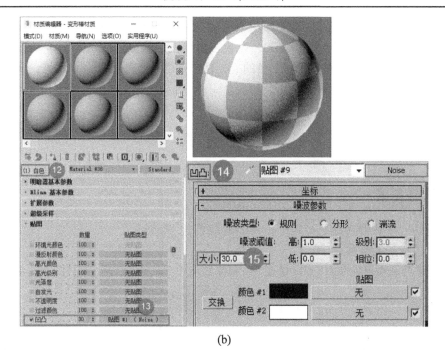

(b)

图 4-1-12 设置变形棒材质

(12) 按快捷键(数字 8 键)打开"环境和效果"对话框,设置环境贴图为"渐变坡度",将该贴图拖放到"材质编辑器"的第二个材质球上,设置"坐标"卷展栏的"贴图"为"屏幕","角度"的"W"值为 -90 度,"渐变坡度参数"的左侧色标为绿色(RGB(0,255,0)),中间色标为浅绿色(RGB(59,255,59)),右侧色标为白色,如图 4-1-13 所示。

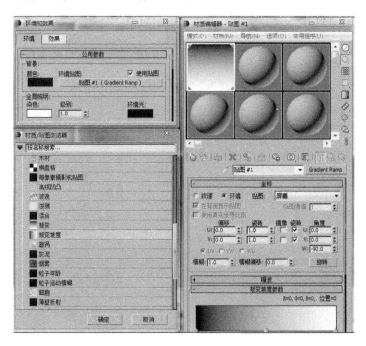

图 4-1-13 设置环境背景

(13) 选择透视图，设置安全框，单击所有视图最大化图标。按 F10 键打开"渲染设置"对话框，"输出大小"选择"800×600"像素，再单击"渲染"按钮，保存效果图。

(14) 依次单击 3ds Max 窗口左上角的"文件"→"归档"菜单命令，将设计结果归档为 .zip 后缀的压缩文件包。

4.2　花 瓣 托 盘

微　课

1. 设计要求

(1) 设计一个花瓣托盘三维模型，花瓣的数量为 10 个。

(2) 更改路径的步数为 20。

(3) 设置渲染输出为 800×600 像素，并保存渲染图，将文件归档，效果图如图 4-2-1 所示。

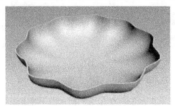

图 4-2-1　花瓣托盘效果图

2. 设计过程

(1) 打开 3ds Max，使用重置命令重新设定系统，单击"自定义"→"单位设置"菜单命令，在弹出的"单位设置"对话框中，设置"公制"为厘米，再单击"单位设置"按钮，在"系统单位设置"对话框中设置 1 单位 = 1 厘米，单击"确定"按钮，如图 4-2-2 所示。

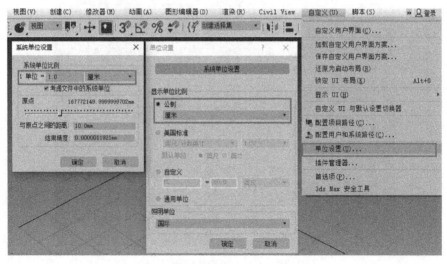

图 4-2-2　设置系统单位为厘米

(2) 选择工作窗口中的顶视图，并将视图最大化显示，单击创建→图形图标，选择"圆"，在"键盘输入"卷展栏中设置"半径"为1 cm，单击"确定"按钮，在场景中创建一个圆，此圆作为托盘放样路径，如图4-2-3所示。

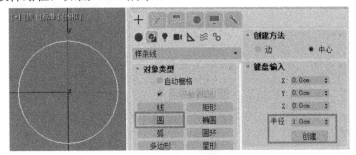

图4-2-3 创建圆

(3) 按F键将当前视图切换到前视图，创建一根长30 cm的水平线，选择右端的顶点将其向上移动一段距离，将该点转换为"bezier角点"，调整其控制点到垂直位置，制作出一条弯曲的弧线，在右侧命令面板选择"顶点"，激活"轮廓"按钮，选择前视图的曲线并向上移动一点，形成一条封闭的轮廓线，作为放样图形，如图4-2-4所示。

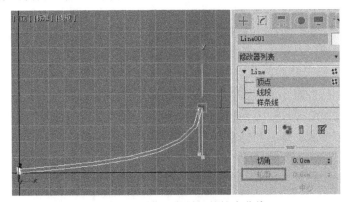

图4-2-4 制作一条封闭的轮廓曲线

(4) 按最大化视口切换图标切换到四视图显示模型，单击顶视图的圆，再单击创建→几何体图标。单击下拉按钮选择"复合对象"，在"对象类型"中选择"放样"，在"蒙皮参数"中设置"路径步数"为20，单击"获取图形"按钮。在前视图中单击封闭轮廓曲线，制作花瓣托盘的初始模型，如图4-2-5所示。

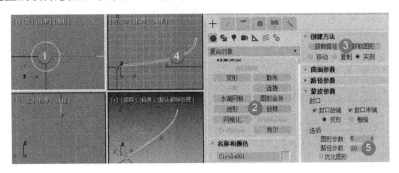

图4-2-5 使用放样命令制作花瓣托盘的初始模型

（5）此时托盘形状底部需要修改，单击修改选项卡，选择"Loft"→"图形"，在顶视图中将图形沿 X 轴向左移动，将托盘形状调整正确，如图 4-2-6 所示。

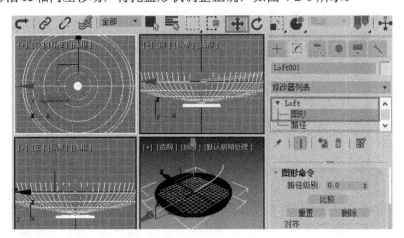

图 4-2-6　调整托盘形状

（6）下面调整托盘花瓣轮廓。在放样命令面板中，取消"自适应路径步数"选项，以免在托盘边缘产生变形刺，在"变形"卷展栏中单击"缩放"按钮。在弹出的"缩放变形"对话框中，单击"均衡"图标，单击显示 X 轴图标，再单击插入角点图标并激活它。在图中的直线任意位置单击鼠标左键创建一个插入点，在下方左输入框输入水平刻度值，第 1 个点刻度值为 5，以后每隔 5 个单位插入一个关键点。创建所有的点后，按 Ctrl 键每隔一个点选定一次，此时在对话框底部的右输入框中输入垂直刻度值 110，将选中的顶点沿垂直距离向上移动到垂直刻度 110 的位置，再按水平垂直方向最大化显示图标，此时场景中的托盘呈现出花瓣形状。最后将托盘颜色设置为白色。具体操作如图 4-2-7 所示。

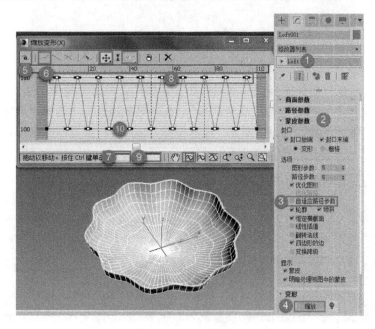

图 4-2-7　放样缩放制作托盘的花瓣形状

(7) 按快捷键(数字 8 键)打开"环境和效果"对话框，设置环境贴图为"渐变坡度"，将该贴图拖放到"材质编辑器"的第二个材质球上，设置"坐标"卷展栏的"贴图"为"屏幕"，"角度"的"W"值为 −90 度，"渐变坡度参数"的左侧色标为绿色(RGB(0, 89, 253))，右侧色标为浅绿色(RGB(18, 255, 0))，如图 4-2-8 所示。

图 4-2-8　设置环境背景

(8) 选择透视图，设置安全框，单击所有视图最大化图标，按 F10 键打开"渲染设置"对话框，"输出大小"选择"800 × 600"像素，再单击"渲染"按钮，保存效果图。

(9) 依次单击 3ds Max 窗口左上角的"文件"→"归档"菜单命令，将设计结果归档为 .zip 后缀的压缩文件包。

4.3　纽 带 文 字

微　课

1. 设计要求

(1) 设计一纽带，呈 180° 弧形，弧形半径为 200 cm。

(2) 文字大小为 100 磅，绕着弧形扭转 360°。

(3) 更改路径的步数为 20。

(4) 设置渲染输出为 800 × 600 像素，并保存渲染图，效果如图 4-3-1 所示，将文件归档。

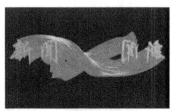

图 4-3-1　纽带文字效果图

2. 设计过程

该制作过程分为两个部分：第一部分用 Photoshop 制作丝绸作为金属反射贴图，第二部分制作纽带文字的三维模型。

1) 制作丝绸作为金属反射贴图

(1) 打开 Photoshop 软件，单击"文件"→"新建"菜单命令，在新建窗口中设置"宽度"为 300 像素，"高度"为 300 像素，"背景内容"为白色，单击"确定"按钮，如图 4-3-2 所示。

(2) 在左侧工具盒中选择渐变填充图标，选择系统默认的前景到背景的渐变，模式选择差值，在画布上任意拖动 5～10 步，注意拖动距离不能太长，如图 4-3-3 所示。

图 4-3-2　新建文件　　　　　　　　　　图 4-3-3　制作渐变纹理

(3) 依次单击"滤镜"→"模糊"→"高斯模糊"菜单命令，在弹出的"高斯模糊"对话框中设置"半径"为 5 像素，单击"确定"按钮，制作渐变纹理的模糊效果，如图 4-3-4 所示。

图 4-3-4　设置模糊效果

(4) 依次单击"滤镜"→"风格化"→"查找边缘"菜单命令，制作丝绸的光滑效果，如图 4-3-5 所示。

图 4-3-5　设置光滑效果

(5) 依次单击"图像"→"调整"→"色阶"菜单命令，在"色阶"对话框中，输入左侧色阶值为 159，中间值为 0.8，单击"确定"按钮，加深丝绸的颜色，如图 4-3-6 所示。

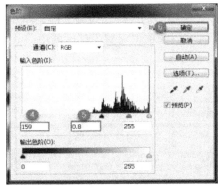

图 4-3-6　调整色阶

(6) 依次单击"图像"→"调整"→"色相/饱和度"菜单命令，在"色相/饱和度"对话框中，勾选"着色"，输入"色相"值为 42，"饱和度"值为 100，"明度"值为 -41，将丝绸颜色设置为金黄色，如图 4-3-7 所示。

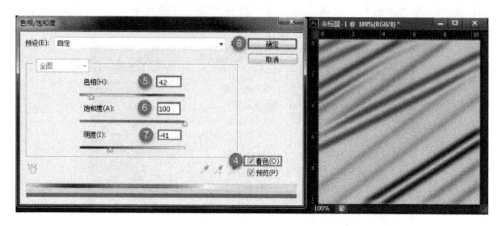

图 4-3-7　设置丝绸颜色

(7) 依次单击"文件"→"保存"菜单命令，将文件保存为"丝绸.JPG"图片文件。

2) 制作纽带文字的三维模型

(1) 打开 3ds Max，使用重置命令重新设定系统，单击"自定义"→"单位设置"菜单命令，在弹出的"单位设置"对话框中，设置"公制"为厘米，再单击"系统单位设置"按钮，在"系统单位设置"对话框中，设置 1 单位＝1 厘米，单击"确定"按钮，如图 4-3-8 所示。

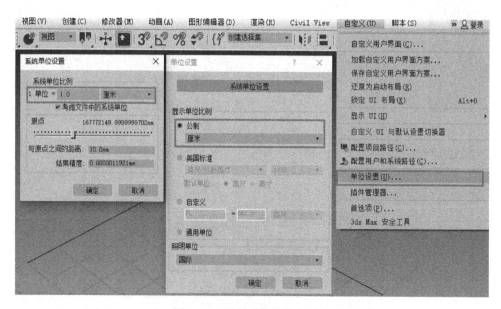

图 4-3-8　设置系统单位为厘米

(2) 选择工作窗口中的顶视图，并将视图最大化显示，单击创建→图形图标，选择"弧"，再选择"端点—端点—中央"的创建方法，在"键盘输入"卷展栏中输入"半径"为 200 cm，"从"0 度"到"180 度，单击"创建"按钮，在场景中创建一个圆弧，此圆作为纽带文字的放样路径，如图 4-3-9 所示。

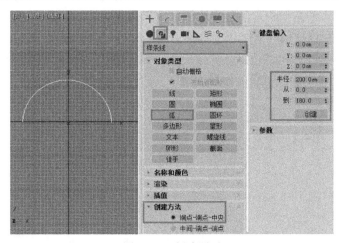

图 4-3-9　创建圆弧

(3) 创建文本，设置其字体为华文行楷，"大小"为 100 cm，在文本框中输入"新闻"，再在顶视图中心位置单击鼠标左键，创建"新闻"文字，单击鼠标右键结束文字的创建，如图 4-3-10 所示。

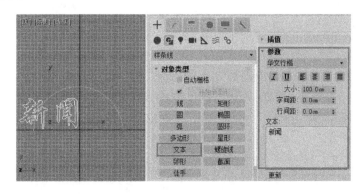

图 4-3-10　创建文字

(4) 选择场景中的圆弧作为放样路径，单击创建→几何体图标，选择"复合对象"，单击"放样"按钮，设置"路径步数"为 20，单击"获取图形"按钮，路径步数设为 20，如图 4-3-11 所示。

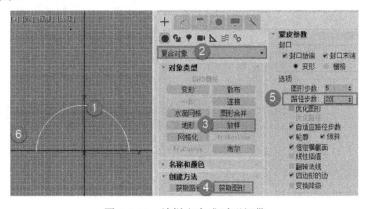

图 4-3-11　放样文字成弧形纽带

（5）选择场景中的新闻纽带的放样物体，单击修改选项卡，展开"变形"卷展栏，选择"扭曲"。在"扭曲变形"对话框中选择右端的顶点，在下面的垂直参数输入框中输入360，将该点向上移到 360 的位置，单击最大化显示图标，可以观察到这条红色的直线控制文字纽带翻转了 360 度，如图 4-3-12 所示。

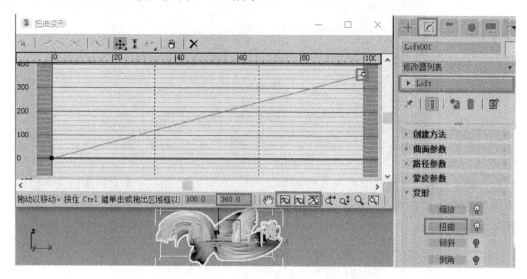

图 4-3-12　设置放样扭曲参数制作纽带文字效果

（6）单击 M 键打开"材质编辑器"，选择第一个材质球，命名为"金属材质"，设置为"金属"明暗器，单击漫反射的色块，在"颜色选择器"对话框中设置金属材质的颜色 RGB 值为(122，63，0)，单击"确定"按钮，再设置"高光级别"为 120，"光泽度"为 75，如图 4-3-13 所示。

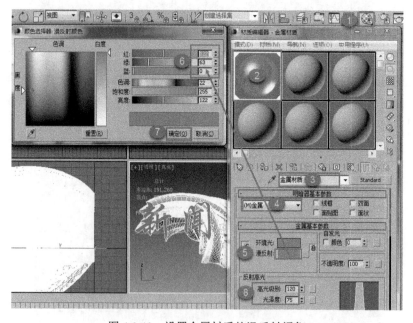

图 4-3-13　设置金属材质的漫反射颜色

(7) 展开金属材质的"贴图"卷展栏,单击"反射"后面的"无"按钮选择"位图",将第一部分制作的"丝绸.jpg"作为金属反射贴图,将该材质拖放到纽带文字上,如图 4-3-14 所示。

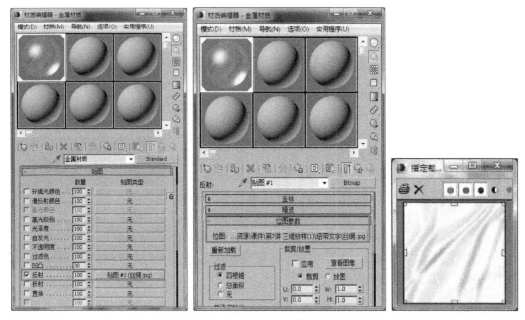

图 4-3-14　设置金属材质的反射贴图

(8) 按快捷键(数字 8 键)打开"环境和效果"对话框,设置环境背景颜色为紫色(RGB (42,0,93)),如图 4-3-15 所示。

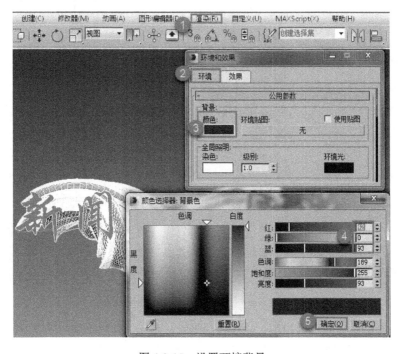

图 4-3-15　设置环境背景

（9）选择透视图，设置安全框，单击所有视图最大化图标，按 F10 键打开"渲染设置"对话框，"输出大小"选择"800×600"像素，再单击"渲染"按钮，保存效果图。

（10）依次单击 3ds Max 窗口左上角的"文件"→"归档"菜单命令，将设计结果归档为 .zip 后缀的压缩文件包。

4.4　圆　珠　笔

微　课

1. 设计要求

（1）创建一个笔扣模型和两个二维图形同心圆与直线。

（2）使用放样命令及其修改变形工具放样出笔套三维模型，笔套自上至下逐渐缩小，并且顶端截面要倾斜约 −20 度。

（3）设置路径的步数为 15，并将笔扣移到相应的位置。

（4）设置渲染输出为 800 × 600 像素，并保存渲染图，将文件归档，效果如图 4-4-1 所示。

图 4-4-1　圆珠笔效果图

2. 设计过程

（1）打开 3ds Max，使用重置命令重新设定系统，单击"自定义"→"单位设置"菜单命令，在弹出的"单位设置"对话框中设置"公制"为厘米，再单击"系统单位设置"按钮，在"系统单位设置"对话框中设置 1 单位 = 1 厘米，单击"确定"按钮，如图 4-4-2 所示。

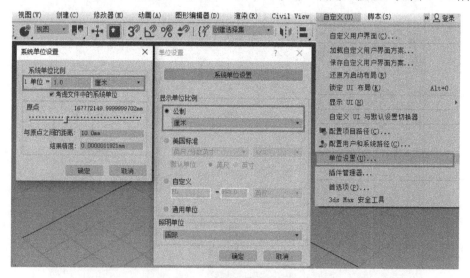

图 4-4-2　设置系统单位为厘米

（2）选择工作窗口中的透视图，并将视图最大化显示，单击创建→图形图标，选择"圆环"，在"键盘输入"卷展栏中设置"半径 1"为 0.7 cm，"半径 2"为 0.8 cm，单击"确定"按钮,在场景中创建一个圆环,此圆环作为圆珠笔的放样图形,如图 4-4-3 所示。

图 4-4-3　创建圆环

(3) 创建"线",在"键盘输入"卷展栏中先在原点(0,0,0)处"添加点",再将"Z"坐标设为 20 cm,单击"添加点"按钮,在场景中创建一条直线,单击"完成"按钮,如图 4-4-4 所示。

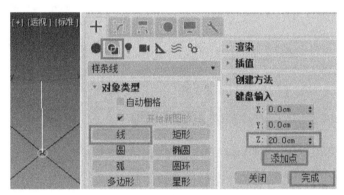

图 4-4-4　创建直线

(4) 先选择直线作为放样路径,单击创建→几何体图标,选择"复合对象",单击"放样"按钮,再单击"获取图形"按钮,在场景中单击圆环,放样形成一根圆管,如图 4-4-5 所示。

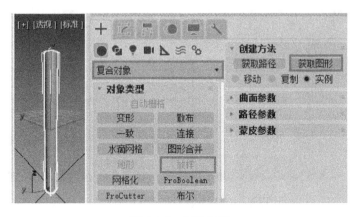

图 4-4-5　创建圆管

（5）单击修改选项卡，展开"蒙皮参数"卷展栏，设置"路径参数"为 15，在"变形"卷展栏中单击"缩放"按钮，在"缩放变形"对话框中框选左右端 2 个顶点，将其转换为"Bezier 角点"，调整两个顶点的控制点形成一条抛物线，放样出笔套三维模型，笔套自上至下逐渐缩小，如图 4-4-6 所示。

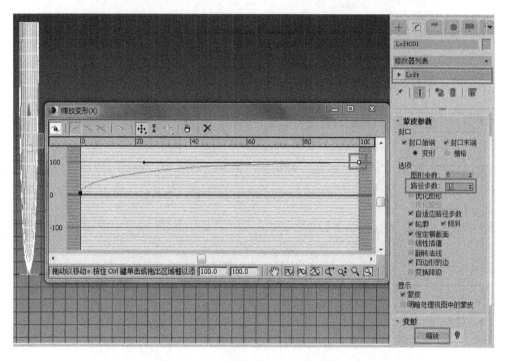

图 4-4-6　设置圆珠笔放样缩放变形

（6）单击"变形"卷展栏中的"倾斜"按钮，在"倾斜变形"对话框红色线条的 90% 处插入顶点，再框选 100% 处右边的顶点，将其垂直位置设置为 -20，使顶端截面倾斜约 -20 度，如图 4-4-7 所示。

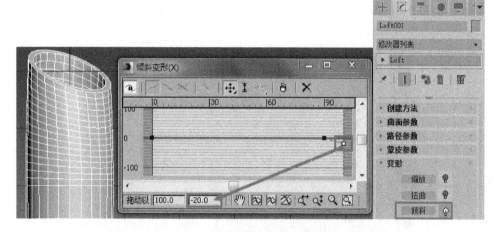

图 4-4-7　制作圆珠笔顶端倾斜状态

（7）单击创建→几何体图标，选择"扩展基本体"，单击"切角圆柱体"按钮，在"键盘输入"卷展栏中输入"半径"为 0.6 cm，"高度"为 2 cm，"圆角"为 0.1 cm，在"参数"卷展栏中设置"圆角分段"数为 3，"边数"为 18，单击"创建"按钮，在场景中圆珠笔下方创建一个切角圆柱体作为笔套，如图 4-4-8 所示。

(8) 选择切角圆柱体，使用工具栏中的对齐图标，单击圆珠笔的放样体，在弹出的对话框中勾选"Z 位置"，选择"当前对象"的"中心"、"目标对象"的"最大"，将笔套对齐到圆珠笔顶端，再单击"确定"按钮，如图 4-4-9 所示。

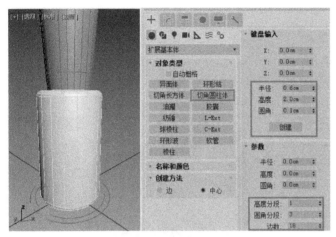
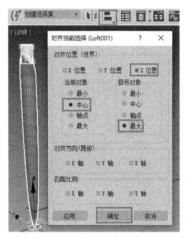

图 4-4-8　创建笔套　　　　　　　图 4-4-9　将笔套对齐圆珠笔顶端

(9) 单击创建→几何体图标，选择"扩展基本体"，单击"切角长方体"按钮，在"键盘输入"卷展栏中设置"长度"为 0.4 cm，"宽度"为 0.1 cm，"高度"为 5 cm，"圆角"为 0.05 cm，在"参数"卷展栏中设置"高度分段"为 10，"圆角分段"为 2，单击"创建"按钮，在场景中创建一个切角长方体，作为笔扣，如图 4-4-10 所示。

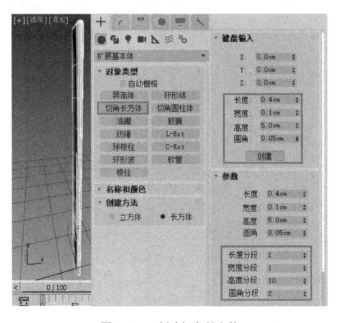

图 4-4-10　创建切角长方体

(10) 将笔扣对齐到笔套中部边缘，在"修改器列表"中选择"FFD(长方体)"，"设置点数"为 4×4×10，即把高度分段数设置为 10，激活"控制点"，先在前视图中框选最上面的一排顶点，将该排顶点移动到笔套里，再调整第二排顶点，使笔扣看上去与笔套成为一体，如图 4-4-11 所示。

(11) 将圆珠笔转换为"可编辑网格"，框选圆珠笔所有的面，"设置 ID"号为 1，如图 4-4-12 所示。

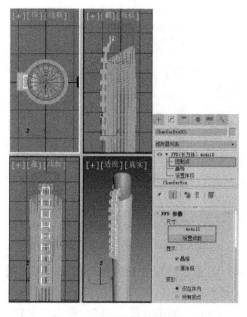

图 4-4-11　调整笔扣的形状

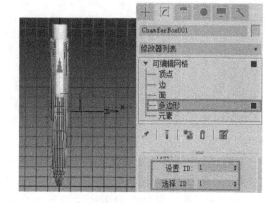

图 4-4-12　设置圆珠笔所有面的 ID 号为 1

(12) 框选圆珠笔中间和底部所有的面，"设置 ID"号为 2，如图 4-4-13 所示。

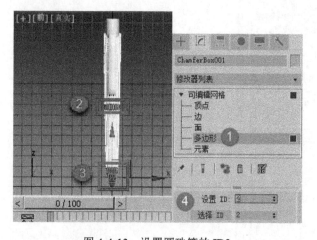

图 4-4-13　设置圆珠笔的 ID2

(13) 按 M 键打开"材质编辑器"，选择第一个材质球，命名为"笔套材质"，设置漫反射颜色为黄色(RGB(255，255，0))，"高光级别"为 100，"光泽度"为 45，将该材质拖放到笔套和笔扣上，如图 4-4-14 所示。

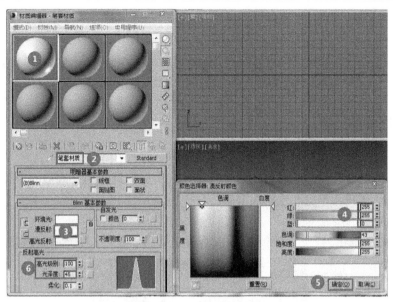

图 4-4-14　给笔套赋材质

(14) 选择第二个材质球，命名为"圆珠笔材质"，设置为多维/子对象材质，将笔套材质拖放复制到 ID1 和 ID2 子材质上，将 ID1 后面的色块设置为白色，将该材质拖放到圆珠笔上，如图 4-4-15 所示。

(15) 按快捷键(数字 8 键)打开"环境和效果"对话框，单击背景颜色色块，在弹出的"颜色选择器：背景色"设置红色为 1，绿色为 0，蓝色为 25，单击"确定"按钮。具体操作如图 4-4-16 所示。

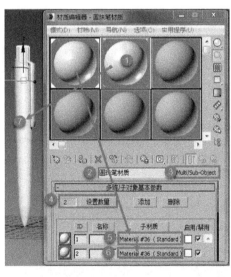

图 4-4-15　设置圆珠笔的多维/子对象材质

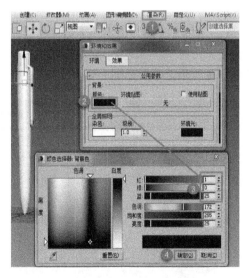

图 4-4-16　设置环境背景

(16) 选择透视图，设置安全框，单击所有视图最大化图标，按 F10 键打开"渲染设置"对话框，"输出大小"选择"800×600"像素，再单击"渲染"按钮，保存效果图。

(17) 依次单击 3ds Max 窗口左上角的"文件"→"归档"菜单命令，将设计结果归档

为 .zip 后缀的压缩文件包。

4.5　漏　　斗

微 课

1. 设计要求

(1) 设计一个漏斗，高度为 250 cm，厚度为 6 cm。

(2) 漏斗的上端截面为正方形，最大边长为 200 cm，漏斗的下端截面为圆环形，最大半径为 30 cm，该漏斗不能产生扭曲效果。

(3) 更改路径的步数为 20。

(4) 设置渲染输出为 800 × 600 像素，并保存渲染图，将文件归档，效果如图 4-5-1 所示。

图 4-5-1　漏斗效果图

2. 设计过程

(1) 打开 3ds Max，使用重置命令重新设定系统，单击"自定义"→"单位设置"菜单命令，在弹出的"单位设置"对话框中设置"公制"为厘米，再单击"系统单位设置"按钮，在"系统单位设置"对话框中设置 1 单位 = 1 厘米，单击"确定"按钮，如图 4-5-2 所示。

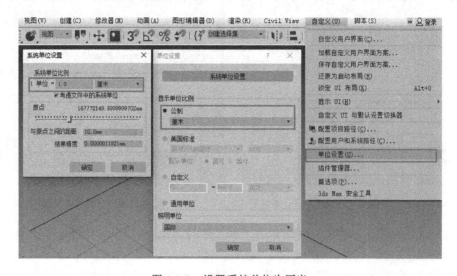

图 4-5-2　设置系统单位为厘米

(2) 选择工作窗口中的顶视图，并将视图最大化显示，单击创建→图形图标，选择"圆环"，设置"半径 1"为 30 cm，"半径 2"为 24 cm，使漏斗厚度为 6 cm，单击"创建"按钮，如图 4-5-3 所示。

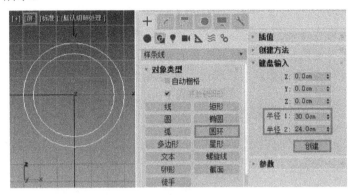

图 4-5-3　创建圆环

(3) 在顶视图中选择"矩形"，在"键盘输入"卷展栏中输入"长度"为 200 cm，"宽度"为 200 cm，单击"创建"按钮，如图 4-5-4 所示。

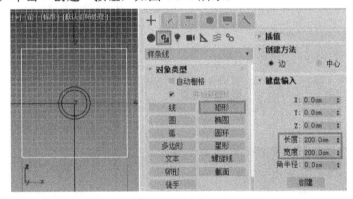

图 4-5-4　创建矩形

(4) 将矩形转换为"可编辑样条线"，按快捷键(数字 3 键)激活样条线选择模式，在透视图中单击矩形使之变成红色，在右侧命令面板的"轮廓"输入框中输入"6"，再单击"轮廓"按钮，使正方形向外扩展复制一个正方形，如图 4-5-5 所示。

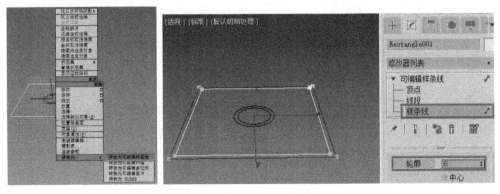

图 4-5-5　轮廓化双矩形

（5）按快捷键 P 键将当前视图切换为透视图，创建"线"。先在"键盘输入"单击"添加点"按钮，在原点位置添加直线的第一个点；再在"键盘输入"的"Z"值处输入 250 cm，单击"添加点"按钮，在透视图创建一条直线，最后单击"完成"按钮，单击最大化视图显示图标，一条完整的直线就创建在圆环中心位置了，如图 4-5-6 所示。

（6）先在透视图中单击直线作为放样路径，再单击创建→几何体图标，选择"复合对象"，单击"放样"按钮，在"创建方法"卷展栏中单击"获取图形"按钮，在透视图中单击圆环，将在透视图中创建一根管状体，如图 4-5-7 所示。

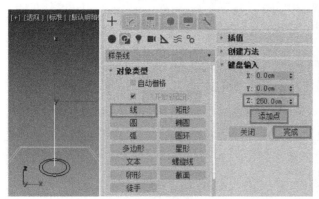
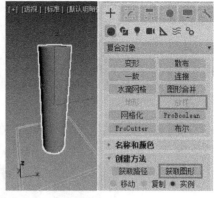

图 4-5-6　创建直线　　　　　　　　　　　图 4-5-7　放样圆柱体

（7）在放样的"路径参数"卷展栏中设置"路径"为 100，再在透视图中单击双矩形，放样生成一个漏斗的模型。但此时的漏斗产生了扭曲的效果，如图 4-5-8 所示。

图 4-5-8　获取双矩形放样漏斗模型

（8）选择"Loft"→"图形"按钮，在"图形命令"卷展栏中单击"比较"按钮，打开"比较"对话框，单击左上角拾取的小手图标，先在透视图中单击漏斗底部的圆环，此时鼠标形状变成"+"，"比较"对话框中出现一个圆环，再单击漏斗顶部的双矩形，此时鼠标形状变成"+"，可能"比较"对话框中没显示双矩形，单击比较对话框中的最大化显示图标，此时就可以看到在"比较"对话框中出现了圆环和双矩形，如图 4-5-9 所示。

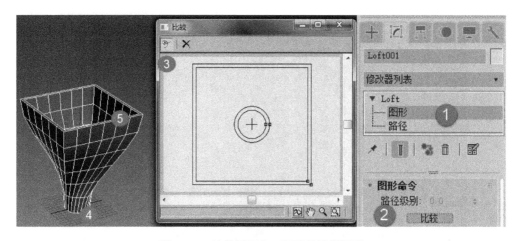

图 4-5-9 比较圆环和双矩形的放样图形

(9) 激活工具栏中的旋转图标，在透视图漏斗底部的圆环上单击鼠标左键，会出现旋转线框，将鼠标放在中间的黄色圆圈上按住鼠标左键向左拖，此时"比较"对话框中的圆环也会发生旋转，将圆环控制点对准双矩形的控制点，直到漏斗不产生扭曲效果时松开鼠标左键，如图 4-5-10 所示。

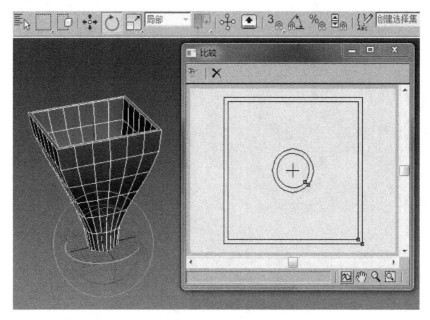

图 4-5-10 纠正漏斗扭曲现象

(10) 按快捷键 T 键将当前视图切换为顶视图，将漏斗"转换为可编辑网格"，按快捷键(数字键 4)激活"多边形"选择模式。框选漏斗所有的面，设置"材质"下的"设置 ID"为 1，再单击工具栏中的窗口/交叉图标激活交叉选项，在命令面板中取消"忽略背面"选择，保证在选择多边形时不会把背面的多边形框选进来。框选漏斗内部的所有面，设置"材质"下的"设置 ID"为 2。这样漏斗内外就可以通过材质区分开来，如图 4-5-11 所示。

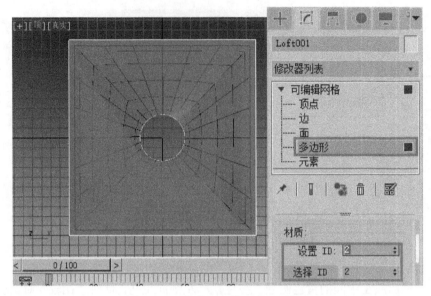

图 4-5-11　设置漏斗的两种 ID 材质

(11) 按快捷键 M 键打开"材质编辑器",选择第一个材质球,命名为"漏斗材质",单击后面的按钮,在"材质/贴图浏览器"对话框中选择"多维/子对象"复合材质,"设置数量"为 2,如图 4-5-12 所示。

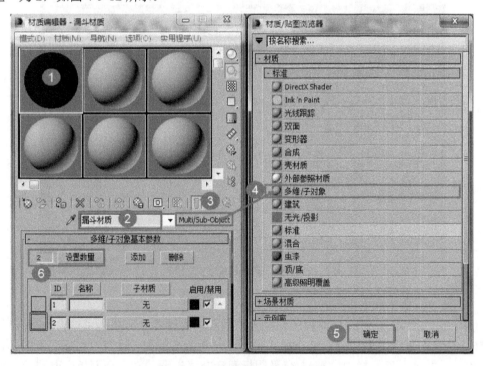

图 4-5-12　设置多维/子对象材质

(12) 单击 ID1 子材质的"无"按钮,选择标准材质,设置漫反射颜色为棕色,其 RGB 值为(129,9,0)。具体操作如图 4-5-13 所示。

图 4-5-13　设置 ID1 子材质

(13) 返回父级材质，将 ID1 子材质拖放到 ID2 材质上，并复制该材质，将其颜色设置为绿色，RGB 值为(39, 111, 0)，将该复合材质拖放到漏斗上，可以看到透视图中的漏斗外面的颜色是棕色，里面的颜色是绿色。具体操作如图 4-5-14 所示。

图 4-5-14　设置 ID2 子材质

(14) 按快捷键(数字 8 键)打开"环境和效果"对话框，设置"环境"选项卡下的"背景颜色"为蓝色(RGB(0, 0, 112))。具体操作如图 4-5-15 所示。

图 4-5-15　设置环境背景

　　(15) 选择透视图，设置安全框，单击所有视图最大化图标，按 F10 键打开"渲染设置"对话框，"输出大小"选择"800×600"像素，再单击"渲染"按钮，保存效果图。

　　(16) 依次单击 3ds Max 窗口左上角的"文件"→"归档"菜单命令，将设计结果归档为 .zip 后缀的压缩文件包。

4.6　螺　丝　钉

微　课

1. 设计要求

　　(1) 设计一个螺丝钉，总长度为 160 mm，上端螺帽截面形为正六边形，半径为 60 mm，长度约为 40 mm，下端螺丝截面形为圆形，半径为 30 mm，长度约为 120 mm。

　　(2) 制作下端螺丝扭曲效果，扭曲角度为 −800°。

　　(3) 设置形的步数为 15，路径的步数为 15，去除表面长度的光滑度。

　　(4) 设置渲染输出为 800×600 像素，并保存渲染图，如图 4-6-1 所示，将文件归档。

图 4-6-1　螺丝钉效果图

2. 设计过程

(1) 打开 3ds Max，使用重置命令重新设定系统，单击"自定义"→"单位设置"菜单命令，在弹出的"单位设置"对话框中设置"公制"为毫米，再单击"系统单位设置"按钮，在"系统单位设置"对话框中设置 1 单位 = 1 毫米，单击"确定"按钮，如图 4-6-2 所示。

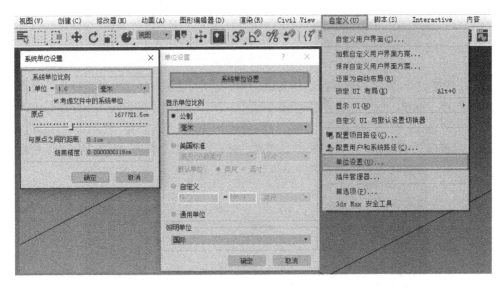

图 4-6-2　设置系统单位为毫米

(2) 选择工作窗口中的顶视图，并将视图最大化显示，单击创建→图形图标，选择"多边形"，设置"半径"为 60 mm，"边数"为 6，单击"创建"按钮，如图 4-6-3 所示。

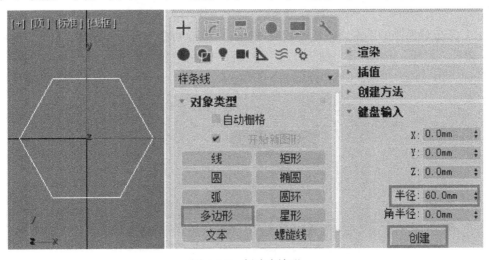

图 4-6-3　创建多边形

(3) 在顶视图中创建"圆"，在"键盘输入"卷展栏中设置"半径"为 30 mm，单击"创建"按钮，如图 4-6-4 所示。

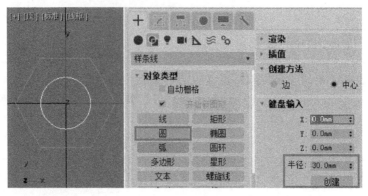

图 4-6-4　创建圆

(4) 按快捷键 P 键将当前视图切换为透视图，创建"线"，先在"键盘输入"卷展栏中单击"添加点"按钮，在原点位置添加直线的第一个点，再在"键盘输入"卷展栏中的"Z"值处输入 160 mm，单击"添加点"按钮，在透视图中创建一条直线，并单击"完成"按钮。单击最大化视图显示图标，一条完整的直线就创建在圆环中心位置了，如图 4-6-5 所示。

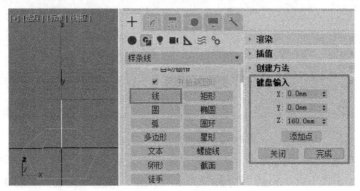

图 4-6-5　创建直线

(5) 先在透视图中单击直线作为放样路径，再单击创建→几何体图标，选择"复合对象"，单击"放样"按钮，在"创建方法"卷展栏中选择"获取图形"，在透视图中单击圆，将在透视图中创建一根圆柱体，如图 4-6-6 所示。

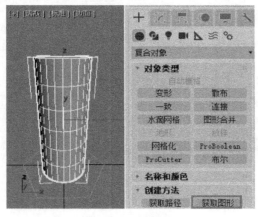

图 4-6-6　放样圆柱

(6) 在放样的"路径参数"卷展栏中，设置"路径"为70，单击"获取图形"按钮，在透视图中再单击圆，此时可以看到圆柱体中间位置有一根绿色的线。具体操作如图4-6-7所示。

图 4-6-7 在路径 70%处放样圆

(7) 设置"路径"为71，单击"获取图形"按钮，在透视图中单击多边形，一颗螺丝钉的大致模型就显现出来了，但此螺丝钉没有螺纹，如图4-6-8所示。

图 4-6-8 在路径 71%处放样多边形

(8) 选择"修改器列表"，展开"变形"卷展栏，单击"扭曲"按钮，在"扭曲变形"对话框中单击并激活插入角点图标，在红色线条的70%位置处插入一个角点，再激活移动图标，框选左边角点，在底部垂直刻度输入框中输入−800，将左边角点向下移至−800，单击最大化显示图标，可以完整显示全部红色线条。具体操作如图4-6-9所示。

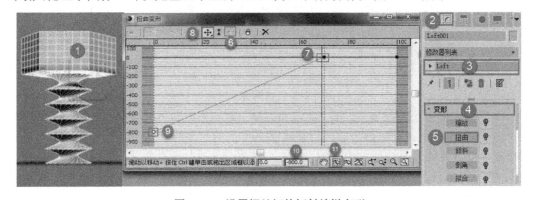

图 4-6-9 设置螺丝钉的倾斜放样变形

(9) 在"放样修改命令"面板中展开"蒙皮参数"卷展栏，设置"图形步数"为 15，"路径步数"为 15，去除表面长度的光滑度，如图 4-6-10 所示。

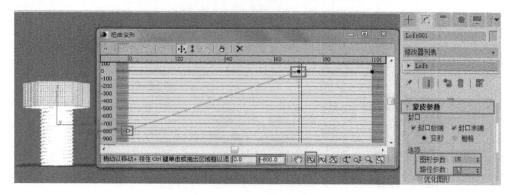

图 4-6-10　设置蒙皮参数

(10) 按快捷键 M 键打开"材质编辑器"，选择第一个材质球，命名为"金属材质"，设置金属明暗器，将"高光级别"设置为 120，"光泽度"设置为 75，单击"漫反射"后的"M"按钮，选择位图，将"铁.JPG"文件赋给漫反射位图，再向下移动滚动条，展开"贴图"卷展栏，将"反射"的"贴图类型"设置为"金属反射贴图.JPG"，这里将反射位图的"模糊偏移"值设为 0.1，如图 4-6-11 所示。

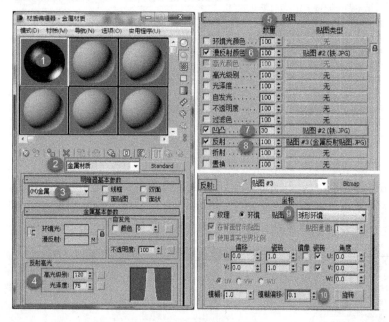

图 4-6-11　设置金属材质

(11) 按快捷键(数字 8 键)打开"环境和效果"对话框，设置"背景"的"环境贴图"为"渐变坡度"，将该贴图拖放到"材质编辑器"的第二个材质球上，设置"坐标"下的"贴图"为"屏幕"，"角度"的"W"值为 −90 度，"渐变坡度参数"左侧色标为橙色，RGB 值为(253, 71, 0)，中间色标为黄色，RGB 值为(255, 216, 0)，右侧色标为蓝色 RGB 值为(0, 118, 250)。具体操作如图 4-6-12 所示。

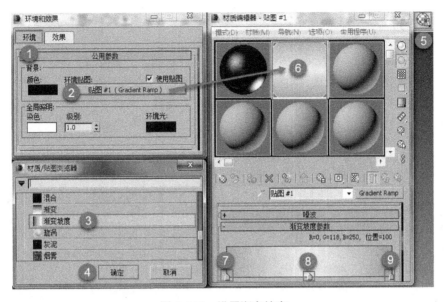

图 4-6-12 设置渐变坡度

(12) 选择透视图，设置安全框，单击所有视图最大化图标，按 F10 键打开"渲染设置"对话框，"输出大小"选择"800×600"像素，再单击"渲染"按钮，保存效果图。

(13) 依次单击 3ds Max 窗口左上角的"文件"→"归档"菜单命令，将设计结果归档为 .zip 后缀的压缩文件包。

4.7 牙 膏 模 型

微 课

1. 设计要求

(1) 设计一个牙膏模型，牙膏上端截面为圆形，半径为 45 mm，牙膏底部为扁平的椭圆形，长轴约为牙膏上端圆形截面的 150%，短轴约为上端圆形截面的 2%，牙膏嘴约占总长度的 15%，截面半径约为 20 mm。

(2) 更改路径的步数为 20。

(3) 设置渲染输出为 800×600 像素，并保存渲染图，将文件归档，如图 4-7-1 所示。

图 4-7-1 牙膏效果图

2. 设计过程

(1) 打开 3ds Max，使用重置命令重新设定系统，单击"自定义"→"单位设置"菜单命令，在弹出的"单位设置"对话框中设置"公制"为毫米，再单击"系统单位设置"按钮，在"系统单位设置"对话框中设置 1 单位＝1 毫米，单击"确定"按钮，如图 4-7-2 所示。

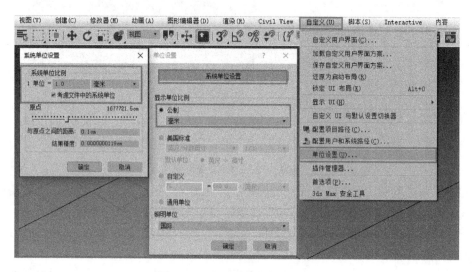

图 4-7-2　设置系统单位为毫米

(2) 选择工作窗口中的顶视图，并将视图最大化显示，单击创建→图形图标，选择"圆"，设置"半径"为 25 mm，单击"创建"按钮，如图 4-7-3 所示。

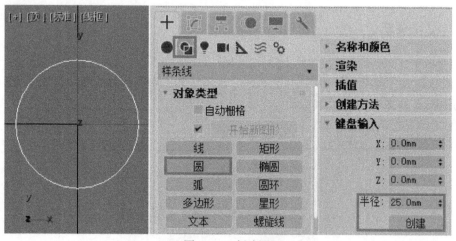

图 4-7-3　创建圆

(3) 按快捷键 P 键将当前视图切换为透视图，创建"线"，先在"键盘输入"单击"添加点"按钮，在原点位置添加直线的第一个点；再在"键盘输入"的 Z 值处输入 190 mm，单击"添加点"按钮，在透视图中创建一条直线，并单击"完成"按钮。单击最大化视图显示图标，一条完整的直线就创建在圆的中心位置了，如图 4-7-4 所示。

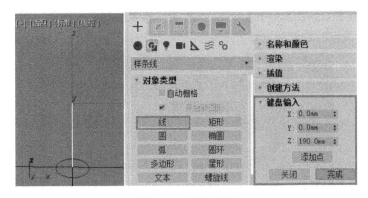

图 4-7-4 创建直线

(4) 在透视图中单击直线作为放样路径，再单击创建→几何体图标，选择"复合对象"，单击"放样"按钮，在"创建方法"卷展栏中选择"获取图形"，在透视图中单击圆，透视图中将创建一根圆柱体，如图 4-7-5 所示。

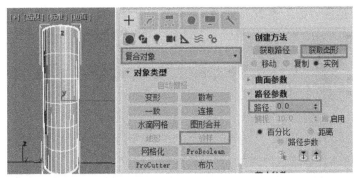

图 4-7-5 获取放样圆柱

(5) 在"Loft"放样命令面板中展开"变形"卷展栏，单击"缩放"按钮。在弹出的"缩放变形"对话框中先单击均衡图标，再激活移动图标，框选右侧 100%位置的顶点，将其移到垂直刻度的 50 位置处。单击激活"插入角点"按钮，在红线上的 85%位置处插入一个角点，并将其移到垂直刻度的 50 位置处，与右侧顶点位置相平。再插入第 2 个角点，在 85%位置处插入一个角点，将其移到垂直位置的 100 位置处，这样牙膏盖处将发生直角变化。具体操作如图 4-7-6 所示。

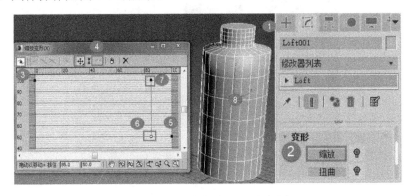

图 4-7-6 缩放圆柱体变形成牙膏

(6) 将当前视图切换为前视图，取消均衡图标的激活状态，单击启用 X 轴图标，使用移动图标将左侧顶点的垂直位置移到 2%处，视图中的牙膏底部将变尖，如图 4-7-7 所示。

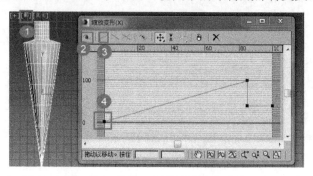

图 4-7-7　收缩 X 轴使牙膏底部变尖

(7) 将当前视图切换为左视图，单击启用 Y 轴图标，使用移动图标将左侧顶点的垂直位置移到 150%处，视图中的牙膏底部变宽。在放样修改命令面板中，展开"蒙皮参数"卷展栏，设置"路径步数"为 20，如图 4-7-8 所示。

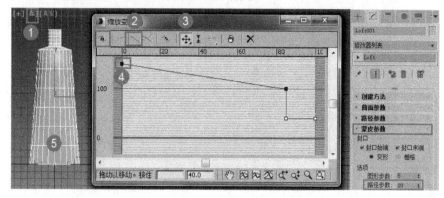

图 4-7-8　扩展 Y 轴使牙膏底部变宽

(8) 将牙膏模型"转换为可编辑网格"，选择"多边形"选择模式，框选牙膏所有的面，设置材质的 ID 号为 1，再框选牙膏中间的面，设置材质的 ID 号为 2，最后框选牙膏底部和顶部牙膏盖的面，设置材质的 ID 号为 3。牙膏的材质 ID 分为 3 个(图 4-7-9 中④—⑥—⑦)。

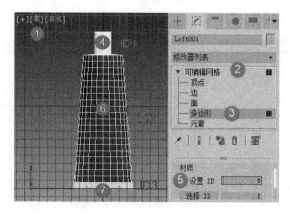

图 4-7-9　设置牙膏材质 ID

(9) 按快捷键 M 键打开"材质编辑器",选择第一个材质球,命名为"牙膏材质",将 ID1 的"子材质"设置为标准材质,其漫反射颜色设置为白色,"高光级别"设置为 40,"光泽度"设置为 48。返回上一级,将 ID1 子材质拖放复制到 ID2 子材质和 ID3 子材质上,设置 ID2 的漫反射 M 贴图为"牙膏.JPG"位图,ID3 的子材质添加"凹凸"类型,将凹凸贴图设置为"渐变坡度",先将中间色标颜色设置为黑色,再在右边一点添加一个色标,将其颜色设置为白色,将"U"方向的"瓷砖"值设置为 50,可以看到材质球出现了凹凸纹理,最后将牙膏材质拖放到牙膏上,如图 4-7-10 所示。

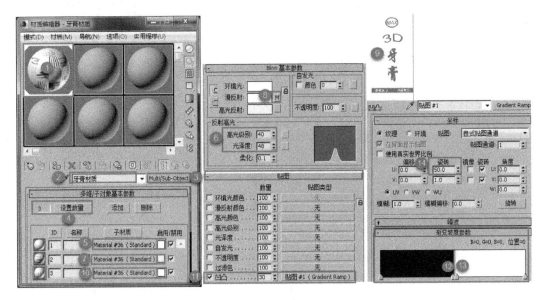

图 4-7-10 设置牙膏多维/子对象材质

(10) 在修改命令面板中,对牙膏执行"UVW 贴图"命令,选择"平面"贴图方式,在"参数"卷展栏的"对齐"方式下选择 Y 轴,单击"适配"和"视图对齐"按钮,稍微调整一下 UVW 坐标位置,牙膏贴图可以正常地平铺到牙膏正面,如图 4-7-11 所示。

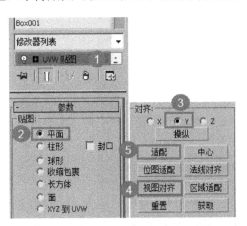

图 4-7-11 设置牙膏 UVW 贴图参数

(11) 按快捷键(数字 8 键)打开"环境和效果"对话框,设置环境背景的环境贴图为"渐变坡度",将该贴图拖放到材质编辑器的第二个材质球上,设置"坐标"卷展栏的"贴图"为"屏幕","角度"的"W"值为−90度,"渐变坡度参数"左侧色标为绿色,RGB 值为(0, 255, 0),中间色标颜色为淡紫色,RGB 值为(138, 81, 255),右侧色标为紫色,RGB 值为(131, 0, 253),如图 4-7-12 所示。

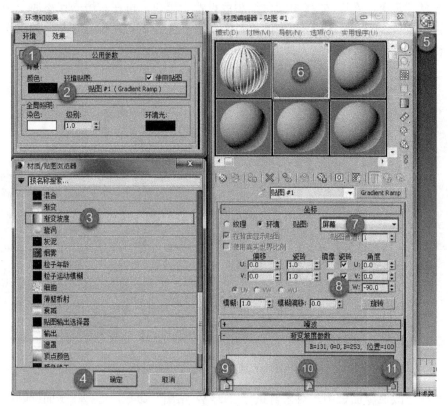

图 4-7-12　设置环境背景

(12) 选择透视图,设置安全框,单击所有视图最大化图标,按 F10 键打开"渲染设置"对话框,"输出大小"选择"800×600"像素,再单击"渲染"按钮,保存效果图。

(13) 依次单击 3ds Max 窗口左上角的"文件"→"归档"菜单命令,将设计结果归档为 .zip 后缀的压缩文件包。

4.8　陶 立 克 柱

微　课

1. 设计要求

(1) 设计一根陶立克柱,该立柱上端 0%～8%处为大圆截面形(半径为 300 mm),10%处为小圆截面形(半径为 250 mm),11%处为星形截面形(半径为 220 mm),柱长 1800 mm,并使用对称效果制作立柱另一端模型。

(2) 更改路径的步数为 20。

(3) 设置渲染输出为 800 × 600 像素，并保存渲染图，如图 4-8-1 所示，将文件归档。

图 4-8-1　陶立克柱效果图

2. 设计过程

(1) 打开 3ds Max，使用重置命令重新设定系统，单击"自定义"→"单位设置"菜单命令，在弹出的"单位设置"对话框中设置"公制"为毫米，再单击"系统单位设置"按钮，在"系统单位设置"对话框中设置 1 单位 = 1 毫米，单击"确定"按钮，如图 4-8-2 所示。

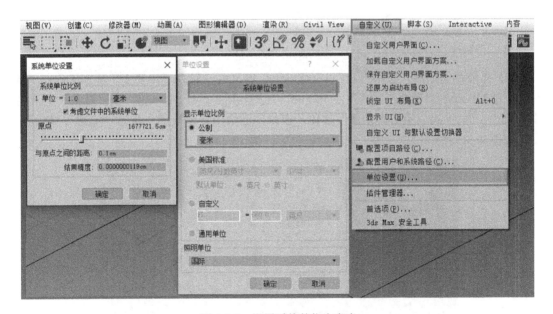

图 4-8-2　设置系统单位为毫米

(2) 选择工作窗口中的顶视图，并将视图最大化显示，单击创建→图形图标，选择"圆"，设置"半径"为 300 mm，单击"创建"按钮，在修改命令面板中将该圆命名为"大圆"，如图 4-8-3 所示。

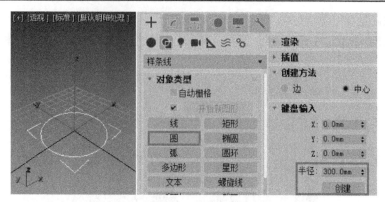

图 4-8-3　创建大圆

（3）在顶视图中创建"圆"，在"键盘输入"卷展栏中，输入"半径"为 250 mm，单击"创建"按钮，在修改命令面板中将该圆命名为"小圆"，创建小圆，如图 4-8-4 所示。

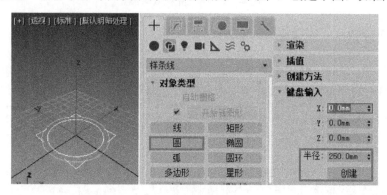

图 4-8-4　创建小圆

（4）在顶视图创建"星形"，在"键盘输入"卷展栏中输入"半径 1"为 250 mm，"半径 2"为 220 mm，"圆角半径 1"为 10 mm，"圆角半径 2"为 10 mm，在"参数"卷展栏中设置"点"为 24，单击"创建"按钮，在修改面板中将该星形命名为"星形"，创建星形，如图 4-8-5 所示。

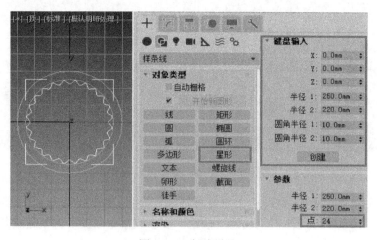

图 4-8-5　创建星形

(5) 按快捷键 P 键将当前视图切换为透视图,创建"线",先在"键盘输入"卷展栏中单击"添加点"按钮,在原点位置添加直线的第一个点,再在"键盘输入"卷展栏中的"Z"值处输入 1800 mm,单击"添加点"按钮,在透视图中创建一条直线,并单击"完成"按钮,单击最大化视图显示图标,一条完整的直线就创建在圆环中心位置了,如图 4-8-6 所示。

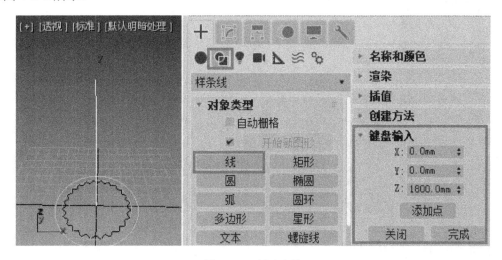

图 4-8-6 创建直线

(6) 在透视图中单击直线作为放样路径,再单击创建→几何体图标,选择"复合对象",单击"放样"按钮,在"创建方法"卷展栏中选择"获取图形",在透视图中单击圆,将在透视图中创建一根圆柱体,如图 4-8-7 所示。

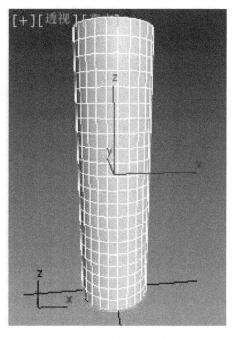

图 4-8-7 放样圆柱体

(7) 在放样的"路径参数"卷展栏中，将"路径"设置为 0.8(即 8%处)，再在"创建方法"卷展栏中单击"获取图形"按钮，在透视图中再单击大圆，按相同的方法分别设置在路径 10%处获取图形"小圆"，在路径 11%处获取图形"星形"，陶立克柱的底部形状显现出来，如图 4-8-8 所示。

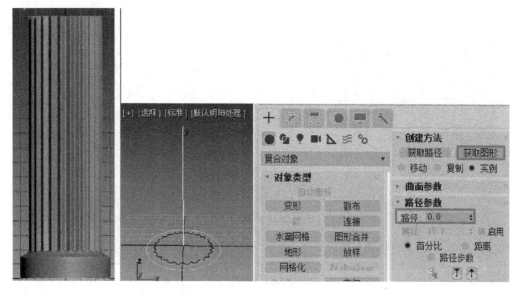

图 4-8-8　放样陶立克柱底部模型

(8) 下面制作陶立克柱顶端部分。在放样路径 89%处获取图形"星形"，在放样路径 90%处获取图形"小圆"，在放样路径 91%处获取图形"大圆"，如图 4-8-9 所示。

(9) 在放样修改命令面板中，展开"蒙皮参数"卷展栏，设置"图形步数"为 5，"路径步数"为 20，如图 4-8-10 所示。

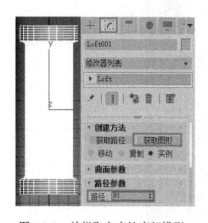

图 4-8-9　放样陶立克柱底部模型

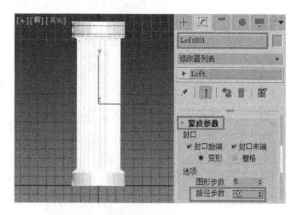

图 4-8-10　设置陶立克柱蒙皮参数

(10) 按快捷键 M 键打开"材质编辑器"，选择第一个材质球，命名为"陶立克柱材质"，将"漫反射"颜色设置为白色，"高光级别"设置为 70，"光泽度"设置为 35，如图 4-8-11 所示。

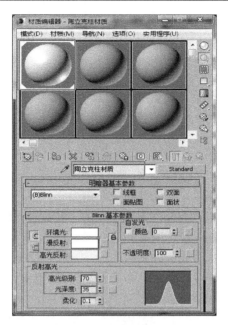

图 4-8-11　设置陶立克柱材质

(11) "材质编辑器"的第二个材质球上,设置"坐标"卷展栏的"贴图"为"屏幕","角度"的"W"值为 −90 度,"渐变坡度参数"左侧色标为绿色(RGB(0, 255, 0)),删除中间色标,右侧色标为蓝色(RGB(0, 118, 250)),如图 4-8-12 所示。

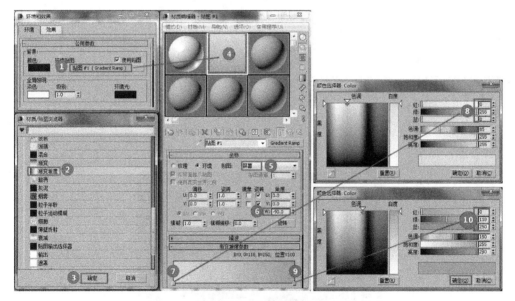

图 4-8-12　设置环境背景

(12) 选择透视图,设置安全框,单击所有视图最大化图标,按 F10 键打开"渲染设置"对话框,"输出大小"选择"800 × 600"像素,再单击"渲染"按钮,保存效果图。

(13) 依次单击 3dsmax 窗口左上角的"文件"→"归档"菜单命令,将设计结果归档为 .zip 后缀的压缩文件包。

模块 5　灯光环境与摄像机

3ds Max 中的灯光是模拟真实灯光的对象，例如室内灯、舞台和电影工作中使用的灯光仪器以及太阳光。不同种类的光源对象以不同的方式投射光线，模拟不同种类的真实光源。3ds Max 提供两种类型的光源：光度学光源和标准光源。所有类型的光源在视口中都显示为光源对象，它们共享许多相同的参数，包括阴影生成器。光度学灯光使用光度学(光能)值，使用户能够更准确地定义现实世界中的灯光,可以设置它们在真实世界灯光的分布、强度、色温和其他特征，还可以导入照明制造商提供的特定光度学文件。

摄像机从特定角度呈现场景。创建摄像机后，可以设置视口以显示摄像机的视点。摄像机视口可用于编辑几何体以及设置用于渲染的场景，多个摄像机可以提供同一场景的不同视图。如果要对视点进行动画处理，可以创建摄像机并对其位置进行动画处理。

5.1　路灯下的局部照明效果

微 课

1. 设计要求

(1) 在场景中的路灯位置处创建一盏灯，调整灯光的有关参数，使其产生投射到地面上的局部照明效果。

(2) 渲染摄像机 Camera01 视图，输出大小为 800 × 600 像素，其他参数取系统默认值，保存渲染图，如图 5-1-1 所示，将文件归档。

图 5-1-1　路灯下的局部照明效果

2. 设计过程

(1) 打开路灯.max 文件。现场没有打灯，使用的是系统默认灯光，如图 5-1-2 所示，这样无法表现路灯局部照明效果，此时架设一盏主光源，模拟路灯照明。

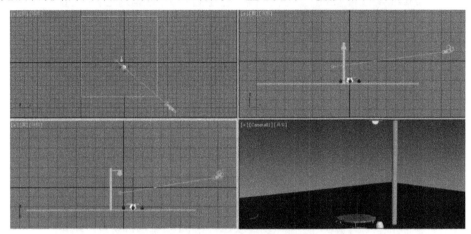

图 5-1-2　打开路灯照明效果的源文件

(2) 单击创建→灯光图标，此时灯光默认为"光度学"，单击下拉按钮，在其下拉菜单中选择"标准"，选择"目标聚光灯"对象类型，在前视图中路灯灯罩的位置按住鼠标左键不松，向下拖拽一条直线到地面，形成一个锥形的光圈，一盏目标聚光灯的主光源就创建好了，如图 5-1-3 所示。

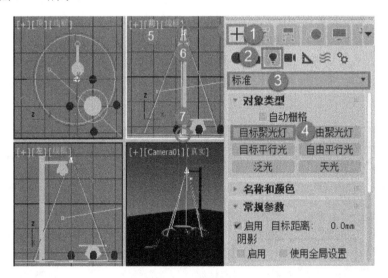

图 5-1-3　创建目标聚光灯

(3) 此时在左视图中，目标聚光灯的光源并未放置在路灯上方，而是有些偏离。单击按名称选择图标，在弹出的"从场景选择"对话框中单击灯光图标，出现目标聚光灯和聚光灯目标点两个可选对象，按 Ctrl 键将两个都选中，再按"确定"按钮，激活并使用移动图标，先在顶视图中沿 X 和 Y 方向将光源及目标点移动到灯泡里，再在左视图中向上移动光源至灯罩上方，将光源目标点移动到地面，如图 5-1-4 所示。

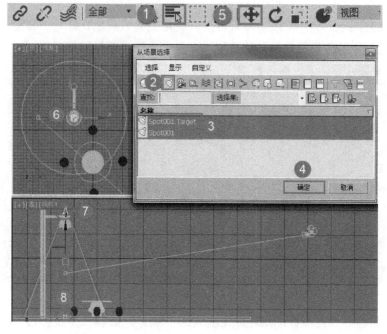

图 5-1-4　移动目标聚光灯及目标点到灯罩位置

(4) 选择目标聚光灯，打开"修改器列表"，在"常规参数"中的"阴影"选项中勾选"启用"复选框，启用目标聚光灯的阴影。再打开"聚光灯参数"卷展栏，设置"聚光区/光束"为 60，对应的是视图中亮蓝色光圈线；"衰减区/区域"为 90，对应的是场景视图中暗蓝色光圈线。此时可以看到摄像机 Camera01 视图中草地上光照的区域扩大，并且衰减区的过渡也有从明到暗的渐变过程，亮蓝色光圈线与暗蓝色光圈线之间就是衰减区，亮蓝色区域是聚光区，但地面出现了灯罩的黑色阴影，这在效果图中是没有的，如图 5-1-5 所示。

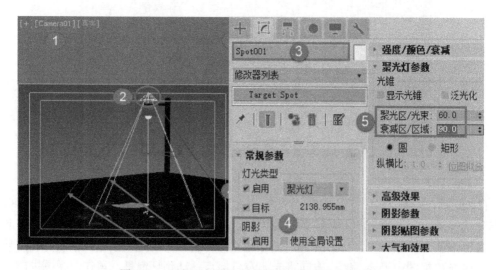

图 5-1-5　设置目标聚光灯的阴影及聚光区和衰减区

(5) 现在通过设置排除阴影。在"常规参数"的"阴影"参数中，单击"排除"按钮，在弹出的"排出/包含"对话框中选择左侧"场景对象"中的灯罩、灯泡和路灯横梁，单击中间的>>键，将这 3 个对象排除其照明和投射影响，单击"确定"按钮，可以在渲染后的效果图中看到排除灯罩、灯泡、路灯横梁 3 个物体多余阴影后的效果，如图 5-1-6 所示。

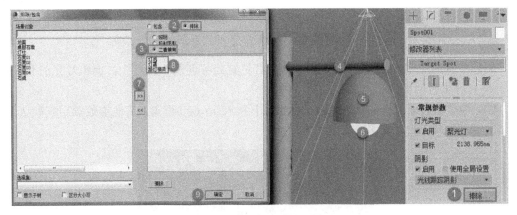

图 5-1-6　排除灯罩的阴影

(6) 对照参考图草地上衰减区外的地面太暗，按快捷键(数字 8 键)打开"环境和效果"对话框，单击"环境光"下面的色块，在"颜色选择器：环境光"对话框中，将环境光的 RGB 值设置为(79,79,79)，将颜色从黑色调成灰色，此时环境光变亮，如图 5-1-7 所示。

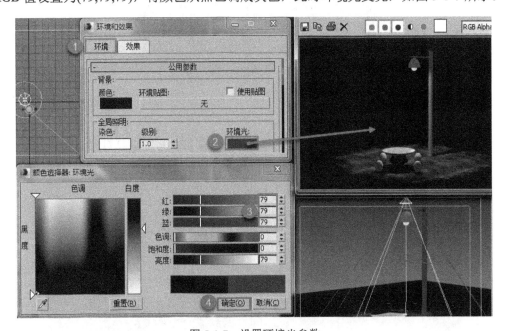

图 5-1-7　设置环境光参数

(7) 选择 Camera01 的摄像机视图，设置安全框，单击所有视图最大化图标，按 F10 键打开"渲染设置"对话框，选择"输出大小"为"800×600"像素，再单击"渲染"按钮，保存效果图。

(8) 依次单击 3ds Max 窗口左上角的"文件"→"归档"菜单命令,将设计结果归档为 .zip 后缀的压缩文件包。

5.2　室内筒灯照明效果

微　课

1. 设计要求

(1) 在室内照明.max 文件场景的 4 盏筒灯位置处各创建一盏灯光,调整灯光的有关参数,使其产生投射到墙壁上的局部照明效果。

(2) 渲染摄像机 Camera01 视图,输出大小为 800 × 600 像素,其他参数取系统默认值,保存渲染图,如图 5-2-1 所示,将文件归档。

图 5-2-1　室内筒灯照明效果

2. 设计过程

(1) 打开室内照明.max 文件。现场没有打灯,使用的是系统默认灯光,该场景是一个简单的房间一角,其中环境光已设定好,给 4 盏筒灯加上灯光,如图 5-2-2 所示。

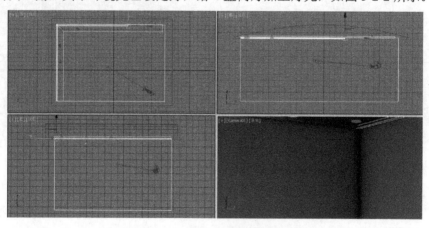

图 5-2-2　室内筒灯照明效果的源文件

(2) 单击创建→灯光图标，此时灯光默认为"光度学"，单击下拉按钮，在其下拉菜单中选择"标准"，选择"目标聚光灯"对象类型，在前视图中红色筒灯线框的位置按住鼠标左键不松，向下偏左方向拖拽一条直线到左侧墙面线条上后松开鼠标左键，形成一个锥形的光圈，一盏目标聚光灯的主光源就创建好了，但此时创建的目标聚光灯在顶视图中显示的位置并非红色筒灯中心位置，如图 5-2-3 所示。

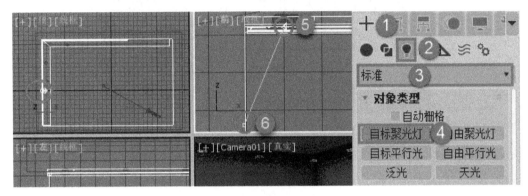

图 5-2-3　创建目标聚光灯

(3) 单击按名称选择，在弹出的"从场景选择"对话框中单击灯光图标，出现目标聚光灯 07 和聚光灯 07 目标点两个可选对象，按 Ctrl 键将两个都选中，再点击"确定"按钮，激活并使用移动图标，先在顶视图中沿 X 和 Y 方向将光源及目标点移动到筒灯中心，此时可以看见有一盏筒灯光照出现在墙上，并在墙上留下一道光锥，如图 5-2-4 所示。

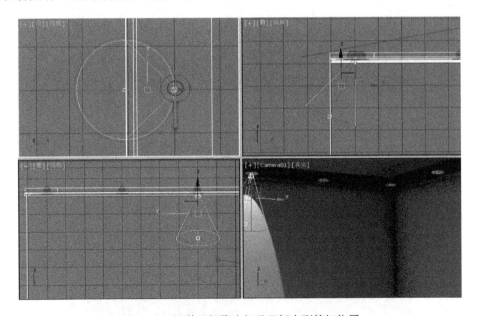

图 5-2-4　调整目标聚光灯及目标点到筒灯位置

(4) 再使用按名称选择图标选择聚光灯 07 和聚光灯 07 目标点两个对象，激活并使用移动图标，在顶视图中按住 Shift 键向上将聚光灯实例复制移动到上面的一盏筒灯内，设置副本数为 1，如图 5-2-5 所示。

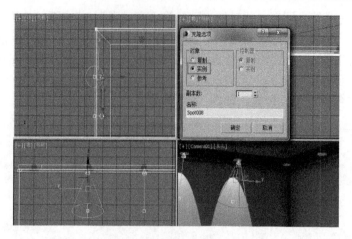

图 5-2-5　实例复制其他筒灯光源

(5) 同样再复制一个聚光灯及目标点到顶视图右侧的筒灯内，此时可以看到顶视图最上面 2 盏筒灯的目标点位置不正确，需要将其目标点投射到墙壁上，如图 5-2-6 所示。

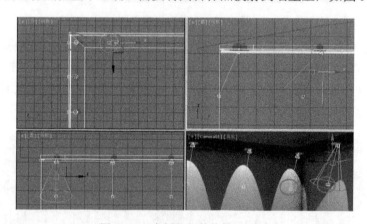

图 5-2-6　实例复制其他筒灯光源

(6) 激活并使用移动图标，将右侧目标聚光灯及目标点拉直到墙壁上，左侧目标聚光灯及目标点移动到墙角位置，微调所有的目标聚光灯和目标点，如图 5-2-7 所示。

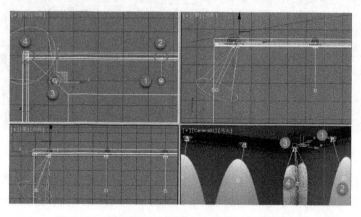

图 5-2-7　调整所有目标聚光灯及其目标点的位置

(7) 选择目标聚光灯 09，单击修改命令选项卡，打开"聚光灯参数"卷展栏，设置"聚光区/光束"为 30，对应的是视图中亮蓝色光圈线，"衰减区/区域"为 60，对应的是场景视图中暗蓝色光圈线，此时可以看到摄像机 Camera01 视图中草地上光照的区域扩大，并且衰减区的过渡也有从明到暗的渐变过程，高蓝色光圈线与暗蓝色光圈线之间就是衰减区，亮蓝色区域是聚光区，如图 5-2-8 所示。

图 5-2-8　设置聚光区和衰减区参数

(8) 打开"强度/颜色/衰减"卷展栏，在"远距衰减"参数中勾选"使用"，设置其"开始"为 30 mm，"结束"为 60 mm，此时可以观察到摄像机视图中目标聚光灯统一发生改变，光柱变短，这是因为前期复制目标聚光灯选用的是实例复制，如图 5-2-9 所示。

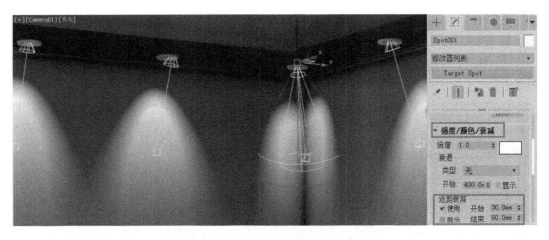

图 5-2-9　设置目标聚光灯的远距衰减参数

(9) 选择 Camera01 的摄像机视图，设置安全框，单击所有视图最大化图标，按 F10 键打开"渲染设置"对话框，选择"输出大小"为"800×600"像素，再单击"渲染"按钮，保存效果图。

(10) 依次单击 3ds Max 窗口左上角的"文件"→"归档"菜单命令，将设计结果归档为 .zip 后缀的压缩文件包。

5.3　双头壁灯照明效果

1. 设计要求

(1) 在双头壁灯.max 文件场景中建立适当的灯光并设置灯光的有关参数，营造出局部墙面被壁灯照亮的效果。

(2) 渲染摄像机 Camera01 视图，输出大小为 800×600 像素，其他参数取系统默认值，保存渲染图，如图 5-3-1 所示，将文件归档。

图 5-3-1　双头壁灯照明效果

2. 设计过程

(1) 打开双头壁灯.max 文件。现场没有打灯，使用的是系统默认灯光，该场景中有一盏双头壁灯，如图 5-3-2 所示。

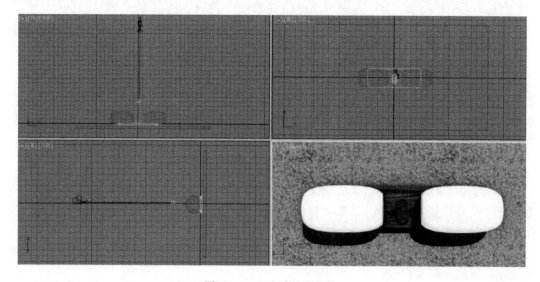

图 5-3-2　双头壁灯源文件

(2) 单击创建→灯光图标，此时灯光默认为"光度学"，单击下拉按钮，在其下拉菜单中单击"标准"按钮，选择"泛光"对象类型，在前视图右侧壁灯中心创建一盏泛光灯，激活并使用移动图标，在顶视图中将这盏泛光灯移到右侧壁灯前方位置，也可以在左视图中移动泛光灯到壁灯前方，如图 5-3-3 所示。

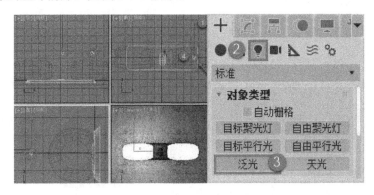

图 5-3-3　创建泛光灯

(3) 选择泛光灯 01，单击修改图标，展开"强度/颜色/衰减"卷展栏，将"倍增"参数设置为 1.5，并设置泛光灯颜色为浅红色(RGB(255，195，195))，在"远距衰减"参数中勾选"使用"，设置其"开始"为 40，"结束"为 80，此时可以观察到摄像机视图中壁灯产生了明显的红色圆形光圈，如图 5-3-4 所示。

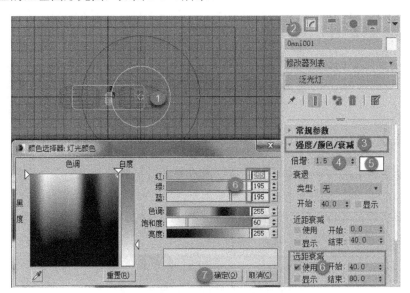

图 5-3-4　设置泛光灯的参数

(4) 在顶视图中选择泛光灯 01，激活并使用移动图标，将泛光灯 01 实例复制到另一侧，放置在另一个壁灯前方，如图 5-3-5 所示。

(5) 按快捷键(数字 8 键)打开"环境和效果"对话框，单击"环境光"颜色按钮，在"颜色选择器：环境光"对话框中，设置 RGB 值为(144，144，144)，将环境光调亮，将壁灯周围墙壁调亮，如图 5-3-6 所示。

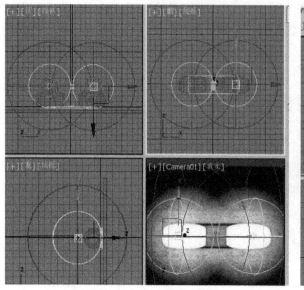 

　　　　图 5-3-5　实例复制泛光灯　　　　　　　　　图 5-3-6　设置环境光颜色

　　(6) 选择 Camera01 的摄像机视图，设置安全框，单击所有视图最大化图标，按 F10 键打开"渲染设置"对话框，选择"输出大小"为"800×600"像素，再单击"渲染"按钮，保存效果图。

　　(7) 依次单击 3ds Max 窗口左上角的"文件"→"归档"菜单命令，将设计结果归档为 .zip 后缀的压缩文件包。

5.4　阳光透射窗户效果

1. 设计要求

微　课

　　(1) 在玻璃窗.max 文件场景中再创建一盏灯光并设置其有关参数，使其产生阳光透射窗户的效果。

　　(2) 渲染摄像机 Camera01 视图，输出大小为 800×600 像素，其他参数取系统默认值，保存渲染图，如图 5-4-1 所示，将文件归档。

图 5-4-1　阳光透射窗户效果

2. 设计过程

(1) 打开玻璃窗.max 文件。现场没有打灯，使用的是系统默认灯光，该场景的空房间内有一扇落地窗，如图 5-4-2 所示。

图 5-4-2 玻璃窗源文件

(2) 单击创建→灯光图标，此时灯光默认为"光度学"，单击下拉按钮，在其下拉菜单中单击"标准"按钮，选择"泛光"对象类型，在左视图的左上方位置创建一盏泛光灯，如图 5-4-3 所示。

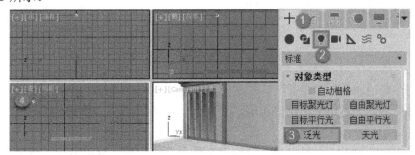

图 5-4-3 创建泛光灯

(3) 在顶视图中选择泛光灯 01，激活并使用移动图标，将泛光灯 01 移动到窗户正上方位置，打开修改命令面板，在"常规参数"的"阴影"面板中，勾选"启用"选项，如图 5-4-4 所示。

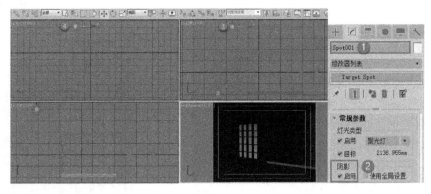

图 5-4-4 调整泛光灯位置并启用阴影

　　(4) 按快捷键(数字 8 键)打开"环境和效果"对话框,单击"环境贴图"的按钮,选择"SKY2.JPG"位图作为天空背景,将该环境贴图拖拽到"材质编辑器"的一个未使用的材质球上,选用"实例",设置"坐标"卷展栏的"贴图"项为"屏幕",如图 5-4-5 所示。

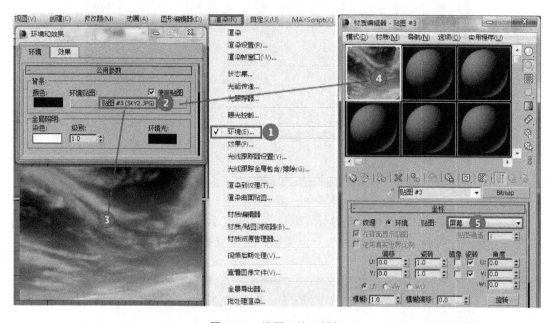

图 5-4-5　设置环境光颜色

　　(5) 选择 Camera01 的摄像机视图,设置安全框,单击所有视图最大化图标,按 F10 键打开"渲染设置"对话框,选择"输出大小"为"800×600"像素,再单击"渲染"按钮,保存效果图。

　　(6) 依次单击 3ds Max 窗口左上角的"文件"→"归档"菜单命令,将设计结果归档为 .zip 后缀的压缩文件包。

5.5　台灯局部照明效果

微　课

1. 设计要求

　　(1) 在台灯局部照明.max 文件中创建适当的灯光并设置其有关参数,产生环境光及台灯局部照明效果,并且台灯要产生微弱的光束效果。

　　(2) 渲染摄像机 Camera01 视图,输出大小为 800×600 像素,将其他参数取系统默认值,保存渲染图,如图 5-5-1 所示,将文件归档。

图 5-5-1　台灯局部照明效果

2. 设计过程

(1) 打开台灯局部照明.max 文件。现场没有打灯，使用的是系统默认灯光，该场景地面书桌上放置了一盏台灯，如图 5-5-2 所示。

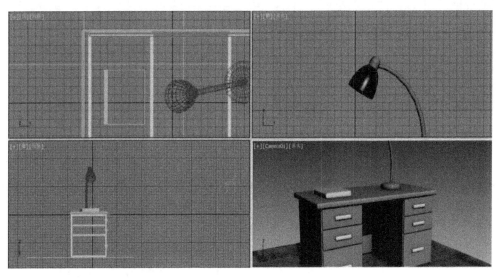

图 5-5-2　场景文件

(2) 单击创建→灯光图标，此时灯光默认为"光度学"，单击下拉按钮，在其下拉菜单中单击"标准"按钮，单击"目标聚光灯"对象类型，在前视图中将目标聚光灯创建在蓝色灯罩上，光源目标点拉至书桌上的那本书上，在灯罩下产生一个光锥，如图 5-5-3 所示。

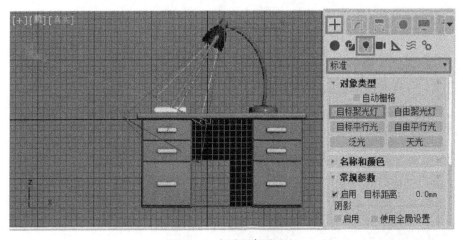

图 5-5-3　创建目标聚光灯

(3) 在工具栏中单击按名称选择图标，在弹出的"从场景选择"对话框中按 Ctrl 键选择目标聚光灯和目标点，在顶视图中将目标聚光灯及目标点调整到灯罩位置，如图 5-5-4 所示。

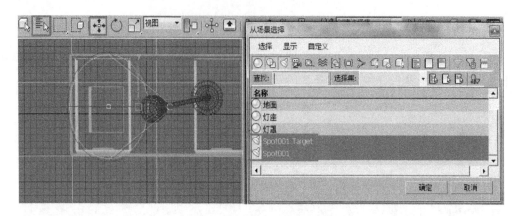

图 5-5-4　调整目标聚光灯位置

　　(4) 选择目标聚光灯，单击修改图标，在"强度/颜色/衰减"卷展栏中勾选"使用""近距衰减"，将其"开始"参数设置为 10，"结束"参数设置为 40；再勾选"使用""远距衰减"，设置"开始"值为 230，"结束"值为 231。在"聚光灯参数"卷展栏中设置"聚光区/光束"为 31，"衰减区/区域"为 40，如图 5-5-5 所示。

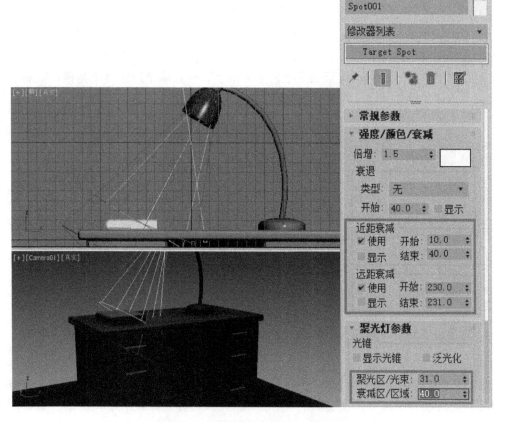

图 5-5-5　设置台灯的目标聚光灯参数

(5) 由于该目标聚光灯是创建在灯罩之上的，因而在勾选"启动"阴影后，灯罩会产生阴影，这不符合台灯照明效果。单击"排除"按钮，在弹出的"排除/包含"对话框中将场景对象中的"灯罩"移至右边的排除对象框内，选择"投射阴影"选项，这样既可以看到灯罩被照亮的效果，也不会在桌面产生灯罩阴影，如图 5-5-6 所示。

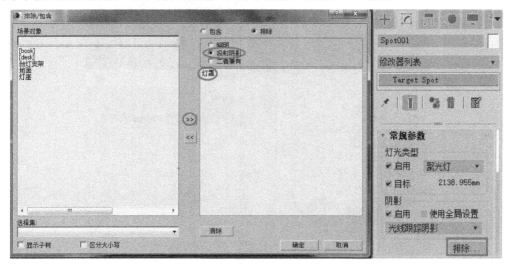

图 5-5-6　排除灯罩投射阴影

(6) 在场景中再创建一盏目标聚光灯，从顶视图左下方投射到书桌位置，再使用移动图标将目标聚光灯从地面水平线位置抬升到书桌之上一定高度，使目标聚光灯的光锥照射在书桌外围一定范围，在目标聚光灯的参数面板中将该聚光灯的"倍增"值设置为 0.5，"聚光区/光束"设置为 20，"衰减区/区域"设置为 60，如图 5-5-7 所示。

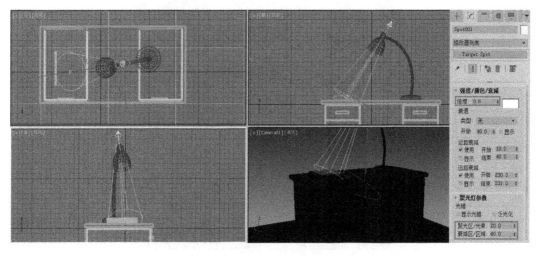

图 5-5-7　再创建一盏目标聚光灯

(7) 下面设置台灯产生微弱光束的光束效果。按快捷键(数字 8 键)打开"环境和效果"对话框，在"大气"卷展栏中单击"添加"按钮，在弹出的"添加大气效果"对话框中选择"体积光"并单击"确定"，在"体积光参数"卷展栏中单击"拾取灯光"按钮，在场景中选择聚光灯 01，并在"体积光"参数中设置体积"密度"为 1.2，从渲染效果图中可看到台灯产生了一道光束，如图 5-5-8 所示。

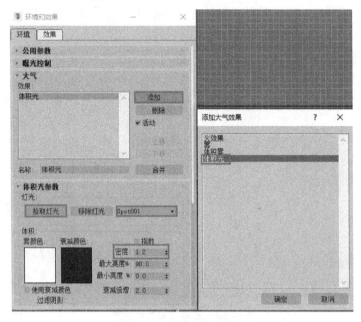

图 5-5-8　设置环境光颜色

(8) 单击环境选项卡的"公用参数"中环境光的色块，将其颜色调浅，其 RGB 值为(20，20，20)，这样可以看到衰减区外地面的效果，如图 5-5-9 所示。

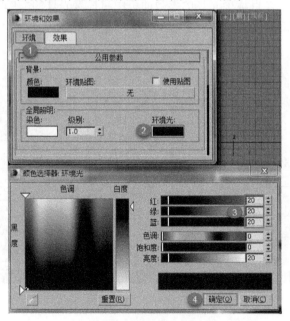

图 5-5-9　设置环境光颜色

(9) 选择 Camera01 的摄像机视图，设置安全框，单击所有视图最大化图标，按 F10 键打开"渲染设置"对话框，选择"输出大小"为"800×600"像素，再单击"渲染"按钮，保存效果图。

(10) 依次单击 3ds Max 窗口左上角的"文件"→"归档"菜单命令，将设计结果归档为 .zip 后缀的压缩文件包。

5.6　雾中凉亭效果

微　课

1. 设计要求

(1) 在凉亭.max 文件中创建适当灯光，调整摄像机有关参数，并设置环境气氛参数，使之产生晨雾中的凉亭氛围。

(2) 渲染摄像机 Camera01 视图，输出大小为 800 × 600 像素，其他参数取系统默认值，保存渲染图，如图 5-6-1 所示，将文件归档。

图 5-6-1　雾中凉亭效果

2. 设计过程

(1) 打开 3ds Max，单击"文件"→"打开"菜单命令，选择凉亭.max，场景中的物体均已设定材质，不需更改，如图 5-6-2 所示。

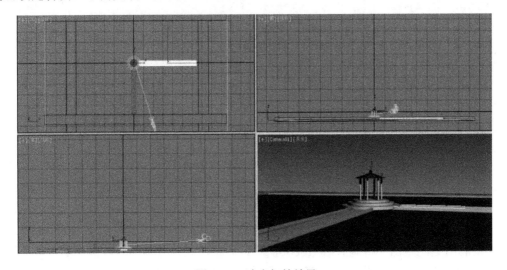

图 5-6-2　凉亭初始效果

(2) 单击"渲染"→"环境"菜单命令，打开"环境和效果"对话框，在"环境"选项卡中展开"大气"卷展栏，单击"添加"按钮，在弹出的"添加大气效果"对话框中，选择"雾"的效果，此时渲染摄像机视图，会发现场景一片白茫茫，什么物体也看不到，如图 5-6-3 所示。下面通过摄像机参数的调整，使场景变成一个早晨的效果。

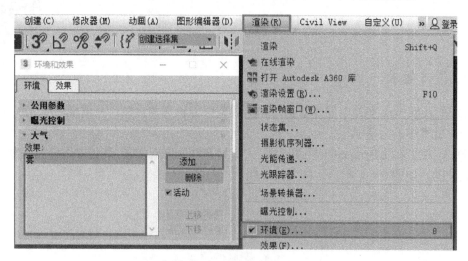

图 5-6-3　添加大气效果

(3) 在场景中选择摄像机的镜头，进入修改面板，勾选"环境范围"参数项下的"显示"复选框，并将"远距范围"值设为 4000，如图 5-6-4 所示。仔细观察，会发现在摄像机的锥形范围内有一个咖啡色的线框出现，它表示产生雾的最远距离，并且该处雾的密度最大。

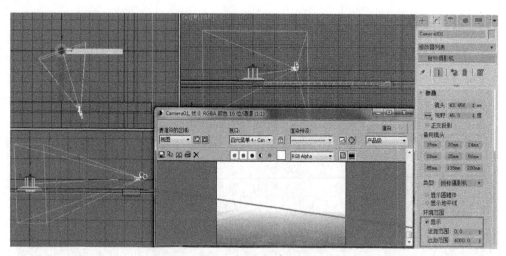

图 5-6-4　设置摄像机远距环境范围

(4) 渲染摄像机视图，可以看到效果图中靠近摄像机镜头的场景能看清，随着场景距离的增大，雾的密度逐渐加大，远处则被浓雾完全笼罩。

(5) 将"远距范围"值调整成 10000，观察场景，此时咖啡色的线框已落在亭子的后面，再次渲染场景，凉亭出现在晨雾中，但是背景仍被雾完全遮住，如图 5-6-5 所示。

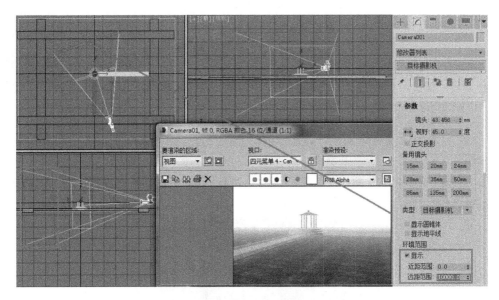

图 5-6-5　远距范围值调整成 10000 时的效果

(6) 打开"环境和效果"对话框,在"环境"选项卡下的"雾参数"卷展栏中,将"标准"指数的"远端%"设置为 80,即将远距离雾的最大密度设为 80%,如图 5-6-6 所示。最后渲染摄像机视图,蓝色的天空有 20% 的可见度,一个薄雾晨曦的场景展现在面前。

图 5-6-6　调整雾效相关参数

(7) 选择 Camera01 的摄像机视图,设置安全框,单击所有视图最大化图标,按 F10 键打开"渲染设置"对话框,选择"输出大小"为"800×600"像素,再单击"渲染"按钮,保存效果图。

(8) 依次单击 3ds Max 窗口左上角的"文件"→"归档"菜单命令,将设计结果归档为 .zip 后缀的压缩文件包。

5.7　电视画面效果

1. 设计要求

(1) 在电视.max 文件中创建一盏适当的灯光，设置有关参数，照亮电视的屏幕并产生投影画面。

(2) 渲染 Camera01 视图，设置渲染输出为 800 × 600 像素，并保存渲染图，如图 5-7-1 所示，将文件归档。

图 5-7-1　电视画面效果

2. 设计过程

(1) 打开电视.max 文件，在渲染摄像机视图中可以看到该电视的荧屏没有画面，如图 5-7-2 所示。

(2) 在电视机的正前方创建一盏目标聚光灯，单击修改命令面板，展开"聚光灯参数"卷展栏，选择"矩形"选项，将聚光灯的照射范围设置成矩形，再将"纵横比"设置为 1.44，将"聚光区/光束"设置为 22，"衰减区/区域"设置为 24，配合聚光区和衰减区参数值并通过比例值将聚光灯的范围设置成电视荧屏大小，调整好的效果如图 5-7-3 所示。

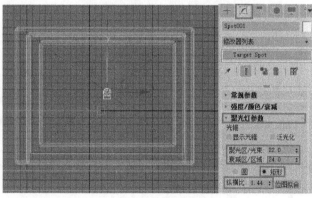

图 5-7-2　场景文件　　　　　　　　图 5-7-3　创建目标聚光灯

(3) 在"高级效果"卷展栏中，单击"投影贴图"选项中的"无"按钮，打开"贴图浏览器"对话框，选择位图类型，选择花.JPG 图片，渲染摄像机视图，可以看到花儿的图片出现在电视屏幕上，如图 5-7-4 所示。

图 5-7-4　设置目标聚光灯的投影贴图

(4) 选择 Camera01 的摄像机视图，设置安全框，单击所有视图最大化图标，按 F10 键打开"渲染设置"对话框，选择"输出大小"为"800×600"像素，再单击"渲染"按钮，保存效果图。

(5) 依次单击 3ds Max 窗口左上角的"文件"→"归档"菜单命令，将设计结果归档为.zip 后缀的压缩文件包。

5.8　彩　蛋　效　果

微课

1. 设计要求

(1) 在彩蛋.max 文件中创建一架摄像机并调整其有关参数，使场景中的彩蛋变为被切割的效果；适当建立灯光，使彩蛋的前后均被照明。

(2) 渲染 Camera01 视图，设置渲染输出为 800×600 像素，并保存渲染图，如图 5-8-1 所示，将文件归档。

图 5-8-1　彩蛋效果

2. 设计过程

(1) 打开彩蛋.max 文件。场景中有三个彩蛋，如图 5-8-2 所示。

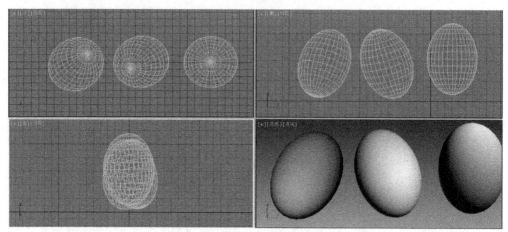

图 5-8-2　场景文件

(2) 单击创建→摄像机图标，在"标准"的"对象类型"卷展栏中选择"目标"摄像机，在顶视图中间位置创建一台摄像机，并设置摄像机和摄像机目标点对齐中间彩蛋的中心，如图 5-8-3 所示。

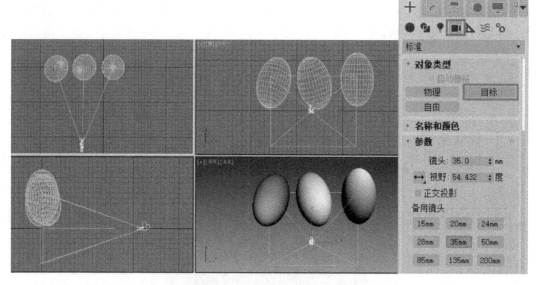

图 5-8-3　创建目标摄像机

(3) 单击按名称选择图标，在弹出的"从场景选择"对话框中按 Ctrl 键选择摄像机及其目标点，激活并使用移动图标将摄像机及目标点从顶视图移到水平中间彩蛋中心，再在前视图中将摄像机及目标点向上移动到彩蛋垂直中间位置，如图 5-8-4 所示。

(4) 单击透视图，在弹出的下拉菜单中选择摄像机→Camera001，将透视图切换为摄像机，如图 5-8-5 所示。

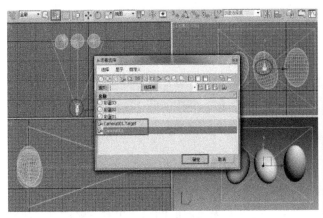

图 5-8-4 调整摄像机位置

图 5-8-5 将透视图切换为摄像机视图

(5) 单击修改图标，"备用镜头"选择 35 mm，将当前"镜头"设置为 35 mm，将 3 个彩蛋框入到摄像机的取景范围，在"剪切平面"勾选"手动剪切"，将"近距剪切"设置为 350，"远距剪切"设置为 414，此参数为参考值，可使用微调器观察摄像机红色垂直线，即近距剪切线是否切割到彩蛋中心位置，摄像机视图中的彩蛋将逐渐切割到不可见，如图 5-8-6 所示。

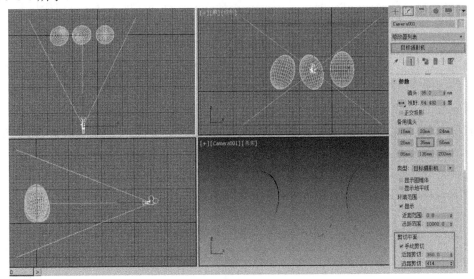

图 5-8-6 设置手动剪切参数

(6) 选择 Camera01 的摄像机视图，设置安全框，单击所有视图最大化图标，按 F10 键打开"渲染设置"对话框，选择"输出大小"为"800×600"像素，再单击"渲染"按钮，保存效果图。

(7) 依次单击 3ds Max 窗口左上角的"文件"→"归档"菜单命令，将设计结果归档为 .zip 后缀的压缩文件包。

模块 6　标准材质与贴图

材质是指物体表面的特性(如玻璃、布料、皮革等)。材质反应的是物体表面的质感,如对象表面的反光程度、调整对象的光亮度、控制对象表面的凹凸效果等。贴图是材质的一种图像属性,贴图图像一般是标准的位图文件,如*.JPG、*.tif、*.TGA 等。贴图服务于材质,为材质提供可视化的图像信息。一种物体可以赋予一种或多种贴图图像,并且这些贴图图像都通过通道来实现。3ds Max 的材质编辑器中有 12 种贴图通道,每个贴图通道分别由颜色、亮度、贴图加载按钮三部分组成。

标准材质的 Blinn 基本参数分为 4 个区域,分别是颜色控制区、高光控制区、自发光控制区和透明度控制区。3dsmax 包含 8 种明暗器模式,能够设置各种复杂质感的材质。各向异性(Anisotropic)明暗器使模型表面产生长条高光区,适合模拟高反差表面物体及流线型表面物体,如头发、玻璃、工业造型及汽车外壳等。

贴图用于模拟对象表面的真实纹理效果。贴图可以在合理的材质物理属性上增加外观的真实感,通过贴图的明度变化可以模拟出对象的凹凸效果、反射效果、折射效果,还可以使用贴图创建环境或者创建灯光投射。

材质与贴图的区别在于:材质是渗透到三维对象内部的一种效果;而大多数贴图是二维图像,可以包裹在物体表面。材质中可以包含贴图,也可以不包含贴图,而贴图一般可以由几种材质组成,在材质编辑器的样本槽中出现的材质和贴图被显示为二维图像。贴图是材质的一种图像属性。

6.1　青 花 瓷 瓶

微 课

1. 设计要求

(1) 使用 Blinn 渲染模式给瓶体赋上青花瓷器图案材质,贴图文件为青花.JPG(必要时可更改物体贴图坐标),贴图坐标与瓶体体积一致;设置瓶体具有一定的高光。如图 6-1-1所示。

(2) 渲染摄像机 Camera01 视图,输出大小为 800×600 像素,其他参数取系统默认值;保存渲染图,将文件归档。

图 6-1-1　青花瓷瓶效果图

2. 设计过程

(1) 打开瓷瓶.max 文件，该场景包含一个瓷瓶三维模型，灯光和摄像机已设置好，如图 6-1-2 所示。

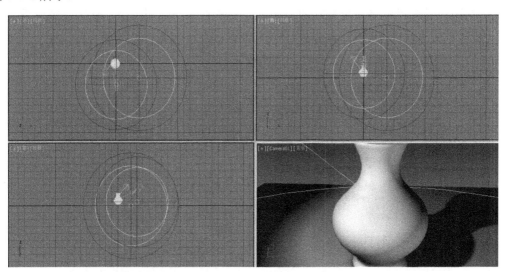

图 6-1-2　场景文件

(2) 单击键盘上的 M 键或工具条中的材质编辑器图标，进入"材质编辑器"对话框，选择第一个未使用过的材质球，将其命名为"瓷瓶材质"；设置"高光级别"为 90，"光泽度"为 45；单击漫反射色块后的灰色按钮进入"材质/贴图浏览器"对话框，在"材质/贴图浏览器"中双击"位图"后，进入"图像位图/图像文件"对话框。从外部获取"青花.jpg"图片文件作为漫反射贴图，打开"贴图"卷展栏，单击"反射"贴图类型的"无"按钮，选择"光线跟踪"材质贴图，并将该贴图数量设置为 20，将该材质拖拽到瓷瓶上，如图 6-1-3 所示。

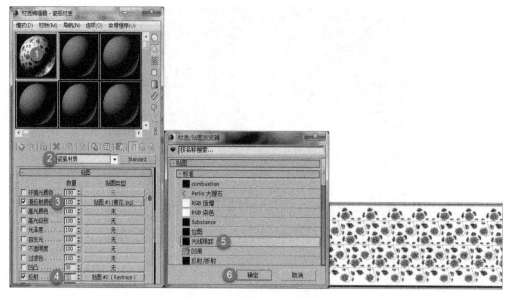

图 6-1-3 设置青花瓷瓶材质

(3) 在"材质编辑器"中将第一个瓷瓶材质拖拽复制到第二个材质球上，将其命名为"地面材质"，该材质所有参数与瓷瓶材质一致；将漫反射贴图位图修改为"地面.JPG"，再在"贴图"卷展栏中将漫反射贴图拖拽实例复制到凹凸贴图类型，将凹凸数值设置为100，并将该材质拖拽到地面上，如图 6-1-4 所示。

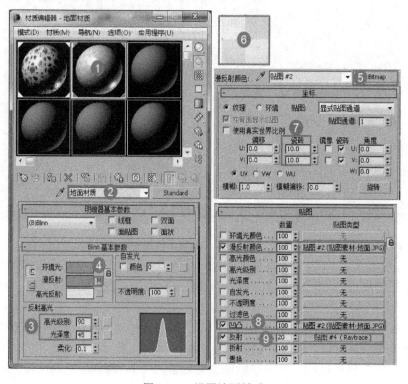

图 6-1-4 设置地面材质

　　（4）按快捷键 F9，系统提示"缺少贴图坐标"，这表示瓷瓶的贴图坐标需要进行设置。单击"继续"按钮，会发现瓷瓶的青花贴图不能显示出来，如图 6-1-5 所示。

图 6-1-5　缺少贴图坐标

　　（5）选择瓷瓶，单击修改选项卡，在命令面板中单击"修改器列表"框后的下拉图标按钮，在弹出的下拉菜单中选择"UVW 贴图"，在其"参数"卷展栏中选择"柱形"贴图，并对齐适配 Z 轴，可以看到瓷瓶被橙色框线包裹，这样青花贴图就可以正常地赋到瓷瓶表面上了，如图 6-1-6 所示。

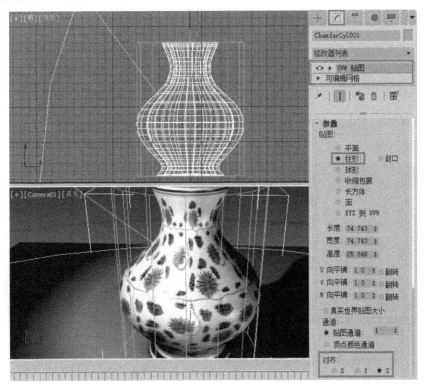

图 6-1-6　设置 UVW 贴图

(6) 选择 Camera01 的摄像机视图，设置安全框，单击所有视图最大化图标；按 F10 键打开"渲染设置"对话框，选择"输出大小"为"800×600"像素，再单击"渲染"按钮，保存效果图。

(7) 依次单击 3ds Max 窗口左上角的"文件"→"归档"菜单命令，将设计结果归档为 .zip 后缀的压缩文件包。

6.2　护　肤　品

微 课

1. 设计要求

(1) 分别给一个护肤品的瓶体和瓶盖赋上不同的材质(必要时可更改贴图坐标)。瓶体和瓶盖的基本色为白色。设置一定的高光，在瓶体和瓶盖上分别赋上雅风 A.GIF 和雅风 B.GIF 贴图材质，并调整其适当的尺寸和角度，效果如图 6-2-1 所示。

(2) 渲染 Camera01 视图，设置渲染输出为 800×600 像素，并保存渲染图，将文件归档。

图 6-2-1　护肤品效果图

2. 设计过程

(1) 打开护肤品.max 文件，该场景中有一个护肤品瓶状体三维模型，灯光和摄像机已设置好，如图 6-2-2 所示。

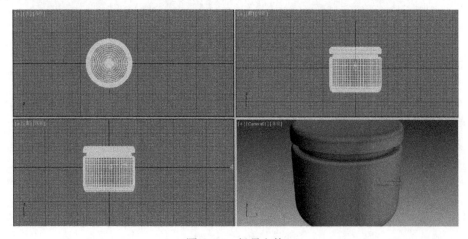

图 6-2-2　场景文件

(2) 单击键盘上的 M 键或工具条中的材质编辑器图标，进入"材质编辑器"对话框，选择第一个未使用过的材质球，将其命名为"瓶盖材质"；设置"高光级别"为 80，"光泽度"为 60，单击漫反射色块后的灰色按钮进入"材质/贴图浏览器"对话框，在"材质/贴图浏览器"中双击"位图"按钮后，进入"图像位图/图像文件"对话框；从外部获取"雅风 B.JPG"图片文件作为漫反射贴图，在瓶盖贴图坐标选项中，将 U 和 V 方向的平铺次数都设为 2，并且将"平铺"复选框的选中状态取消(不重复贴图)；单击按钮返回上一级，如图 6-2-3 所示。

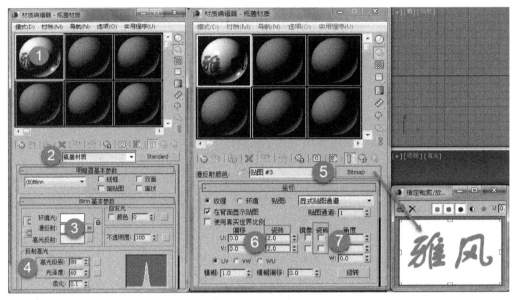

图 6-2-3　设置瓶盖材质

(3) 单击"材质编辑器"中的将材质指定给选定对象图标，将材质赋给场景中的瓶盖；再单击在视口中显示贴图图标，则图片除了在瓶盖上出现，在瓶盖边缘处也会出现，如图 6-2-4 所示。要消除瓶盖边缘的图片，需要设置 UVW 贴图坐标。

(4) 单击修改选项卡，在"修改器列表"中选择"UVW 贴图"，系统默认以平面坐标方式对瓶盖进行贴图，此时摄像机视图中的瓶盖雅风图片正常显示在瓶盖顶部(边缘没有图片显示)，如图 6-2-5 所示。

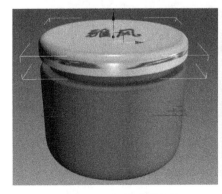
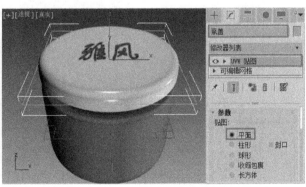

图 6-2-4　瓶盖贴图预览　　　　　　　　图 6-2-5　设置 UVW 贴图平面坐标贴图方式

（5）在"材质编辑器"中将瓶盖材质拖拽复制到第二个未使用过的材质球上，将其命名为"瓶体材质"，该材质所有参数与瓶盖一样，这里需要修改漫反射贴图。单击"漫反射"色块后的灰色按钮进入"材质/贴图浏览器"对话框，在"材质/贴图浏览器"中双击"位图"后，进入"图像位图/图像文件"对话框，从外部获取"雅风 A.JPG"图片文件作为漫反射贴图。在瓶体贴图坐标选项中，将 U 方向夹角次数设为 1.5，V 方向的平铺次数设为 8，并且取消平铺复选框的勾选状态(不重复贴图)，单击按钮返回上一级。单击"材质编辑器"中的将材质指定给选定对象图标，将材质赋给场景中的瓶盖，再单击在视口中显示贴图图标，贴图将垂直显示在瓶体上，如图 6-2-6 所示。

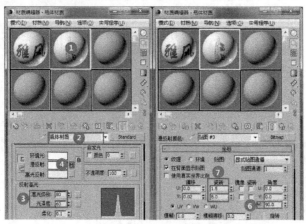

图 6-2-6　设置瓶体材质

（6）按快捷键(数字 8 键)打开"环境和效果"对话框，设置"环境"选项卡下的"环境贴图"为"渐变坡度"，将该贴图拖拽到材质编辑器的第 3 个材质球上，设置"坐标"中的贴图为"屏幕"，"角度"的"W"值为 −90，"渐变坡度参数"左侧色标为浅绿色(RGB(130,200,150))；删除中间色标，右侧色标为浅红色(RGB(250,200,170))，如图 6-2-7 所示。

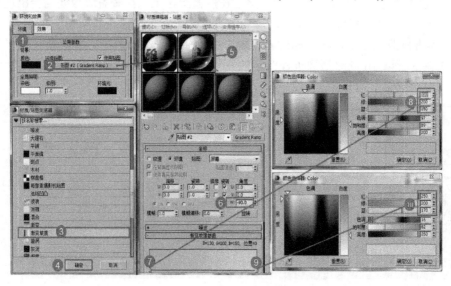

图 6-2-7　设置渐变环境背景

(7) 选择 Camera01 的摄像机视图，设置安全框，单击所有视图最大化图标；按 F10 键打开"渲染设置"对话框，选择"输出大小"为"800×600"像素，再单击"渲染"按钮，保存效果图。

(8) 依次单击 3ds Max 窗口左上角的"文件"→"归档"菜单命令，将设计结果归档为 .zip 后缀的压缩文件包。

6.3　仕　女　灯

微　课

1. 设计要求

(1) 使用 Blinn 渲染模式，给灯罩赋上位图类型材质，并调整其他贴图属性，使其具有半透明和双面发光效果(必要时可更改贴图坐标)；给灯座赋上 Dent 贴图类型，参照设计效果图调整必要的参数，如图 6-3-1 所示。

(2) 渲染 Camera01 视图，设置渲染输出为 800×600 像素，并保存渲染图，将文件归档。

图 6-3-1　仕女灯效果图

2. 设计过程

(1) 打开仕女灯.max 文件，该场景包含一盏灯的三维模型，灯光和摄像机已设置好，如图 6-3-2 所示。

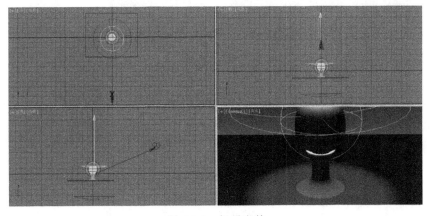

图 6-3-2　场景文件

(2) 按键盘上的 M 键或工具条中的材质编辑器图标，进入"材质编辑器"对话框，选择第一个材质球，将其命名为"灯罩材质"，该材质默认使用 Blinn(布林明暗器)。在"双面"复选框前打勾，设置材质为双面贴图，设置"颜色"为 80，"不透明度"为 85，"高光级别"为 0，"光泽度"为 0。

(3) 单击"灯罩材质"的"漫反射"后面的灰色按钮，打开"材质/贴图浏览器"对话框，选择"位图"并单击"确定"按钮，在弹出的"图像位图/图像文件"对话框中选择"仕女.JPG"作为漫反射贴图，如图 6-3-3 所示。

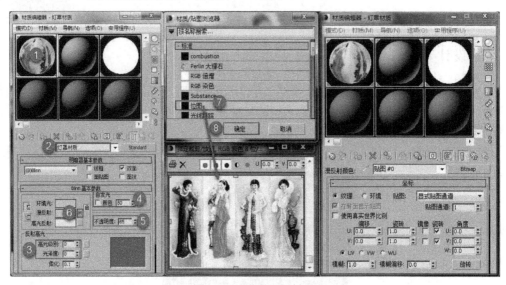

图 6-3-3　设置灯罩材质

(4) 单击"材质编辑器"中的将材质指定给选定对象图标，将灯罩材质赋给场景中的灯罩，再单击在视口中显示贴图图标，即可在摄像机视图中看到贴有仕女图图案的灯罩，如图 6-3-4 所示。

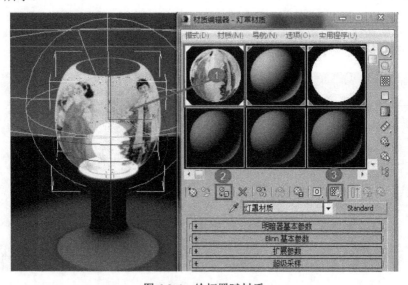

图 6-3-4　给灯罩赋材质

(5) 在场景中选择灯座，在"材质编辑器"中单击第 2 个材质球，命名为"灯座材质"；单击"漫反射"后面的"M"按钮，打开"材质/贴图浏览器"对话框，双击"凹痕"；设置"颜色#1"为深蓝色，"凹痕参数"的"大小"为 20，"强度"为 50。单击"材质编辑器"中的将材质指定给选定对象图标，再单击在视口中显示贴图图标，如图 6-3-5 所示。

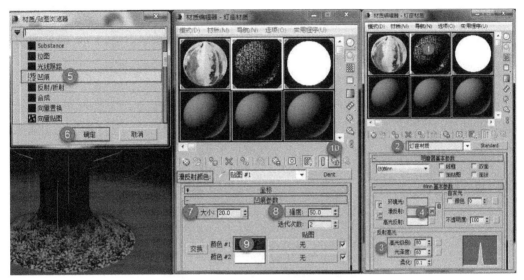

图 6-3-5　设置灯座材质

(6) 在场景中选择地板，在"材质编辑器"中选择一个未使用过的材质球，命名为"地板材质"；单击"漫反射"后面的"M"按钮，选择"位图"并单击"确定"按钮，在弹出的"图像位图/图像文件"对话框中选择"木纹.JPG"作为漫反射贴图。单击"材质编辑器"中的将材质指定给选定对象图标，再单击在视口中显示贴图图标，如图 6-3-6 所示。

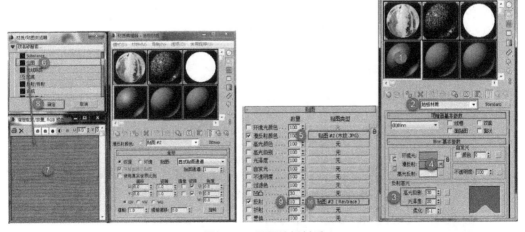

图 6-3-6　设置地板材质

(7) 选择 Camera01 的摄像机视图，设置安全框，单击所有视图最大化图标；按 F10

键打开"渲染设置"对话框，选择"输出大小"为"800×600"像素，再单击"渲染"按
钮，保存效果图。

(8) 单次单击 3ds Max 窗口左上角的"文件"→"归档"菜单命令，将设计结果归档
为 .zip 后缀的压缩文件包。

6.4 亭　　子

1. 设计要求

(1) 使用 Blinn(布林)渲染模式，给地面赋上草地材质，贴图文件为草地.JPG，要求草
地具有细腻感并且有一定的拼花效果；使用 Cellular 贴图类型给通向亭子的两条道路赋上
碎瓦片似的路面，路面颜色由白色、灰色和浅蓝色组成，必要时可更改贴图坐标。

(2) 渲染 Camera01 视图，设置渲染输出为 800×600 像素，并保存渲染图，如图 6-4-1
所示，将文件归档。

图 6-4-1　亭子效果图

2. 设计过程

(1) 打开亭子.max 文件，场景中灯光和摄像机已设置好。场景中有 5 个物体，分别为
亭子、路 1、路 2、路 3 和地面。先单击摄像机视图中的地面，如图 6-4-2 所示。

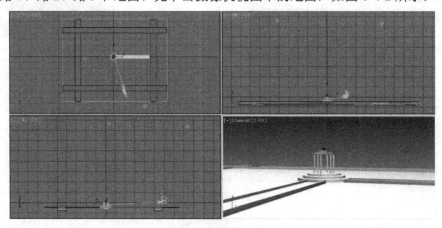

图 6-4-2　场景文件

(2) 按键盘上的 M 键或工具条中的材质编辑器图标，进入"材质编辑器"对话框，选择第一个材质球，将其命名为"草地材质"，该材质默认使用 Blinn(布林明暗器)。单击"漫反射"后面的"M"按钮，打开"材质/贴图浏览器"对话框，选择"位图"并单击"确定"按钮，如图 6-4-3 所示。在弹出的"图像位图/图像文件"对话框中选择"草地.JPG"作为漫反射贴图。

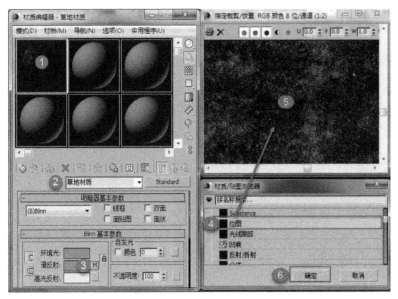

图 6-4-3　设置草地材质

(3) 在漫反射贴图"坐标"选项中，将水平 U 方向和垂直 V 方向的"瓷砖"平铺次数均设为 10，即将草地图案平铺 10 次，再勾选 U 和 V 方向的"镜像"复选框；单击显示最终结果图标，直接在材质球中预览草地拼花效果。满足要求后，单击"材质编辑器"中的将材质指定给选定对象图标，将草地材质赋给场景中的地面，再单击在视口中显示贴图图标，即可在透视图中看到贴有拼花草地图案的地面，如图 6-4-4 所示。

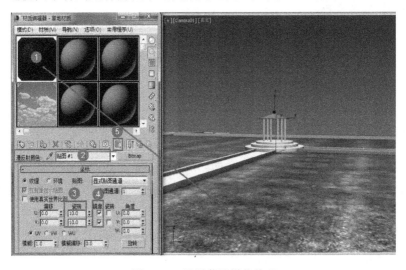

图 6-4-4　设置草地拼花纹理

(4) 选择场景中的路 1,在"材质编辑器"中单击第 2 个材质球,命名为"道路材质";单击"漫反射"后面的"M"按钮进入"材质/贴图浏览器"对话框,在弹出的对话框中双击"细胞",设置细胞颜色为浅蓝色,分界颜色分别为灰色和白色,并设置"细胞特性"为"碎片",然后将材质分别赋给 3 条道路,如图 6-4-5 所示。

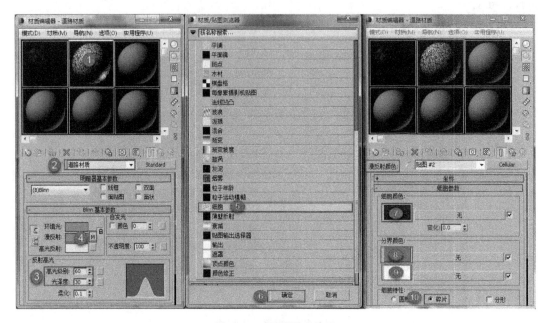

图 6-4-5　设置道路材质

(5) 选择 Camera01 的摄像机视图,设置安全框,单击所有视图最大化图标;按 F10 键打开"渲染设置"对话框,选择"输出大小"为"800×600"像素,再单击"渲染"按钮,保存效果图。

(6) 依次单击 3ds Max 窗口左上角的"文件"→"归档"菜单命令,将设计结果归档为 .zip 后缀的压缩文件包。

6.5　墨　水　瓶

微　课

1. 设计要求

(1) 分别给一个墨水瓶的瓶体和瓶盖赋上不同的材质(必要时更改贴图坐标)。设置瓶盖为黄色金属材质,瓶体基本色为浅灰色,在瓶体的正面赋上商标.JPG 贴图材质,并调整适当的尺寸,效果如图 6-5-1 所示。

(2) 渲染 Camera01 视图,设置渲染输出为 800×600 像素,并保存渲染图,将文件归档。

图 6-5-1　墨水瓶效果图

2. 设计过程

(1) 打开墨水瓶.max 文件，该场景中有一只墨水瓶的三维模型，灯光和摄像机已设置好，如图 6-5-2 所示。

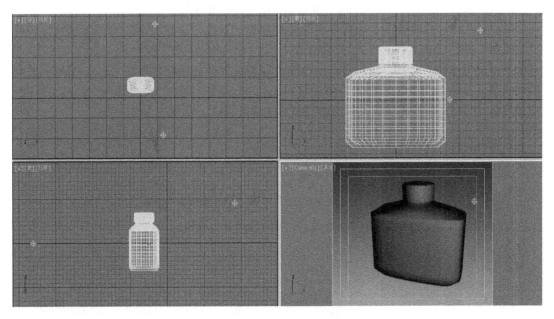

图 6-5-2　场景文件

(2) 选择场景中的墨水瓶，按键盘上的 M 键或工具条中的材质编辑器图标，进入"材质编辑器"对话框，第 2 个材质球是已设定好的环境背景，注意不要修改。选择第 1 个材质球，将其命名为"瓶盖材质"，并将其明暗器设置为"金属"，"漫反射"颜色设置为黄色，"高光级别"设为 120，"光泽度"设为 75；展开"贴图"卷展栏，单击反射贴图类型的"无"，选择"金属反射贴图.JPG"，将其反射数值设置为 45，随后将该材质拖拽到场景中的瓶盖上，给瓶盖赋上黄色金属材质，如图 6-5-3 所示。

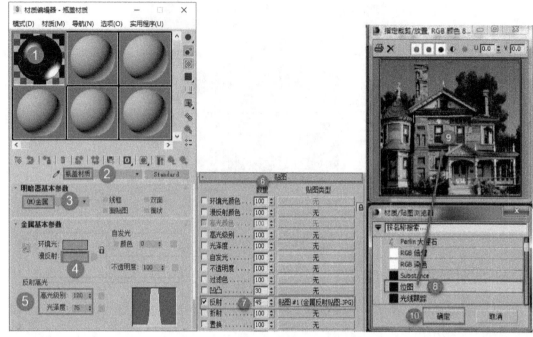

图 6-5-3　给墨水瓶盖赋黄色金属材质

（3）在"材质编辑器"中选择第 3 个未使用过的材质球，将其命名为"墨水瓶材质"，"漫反射"颜色设置为浅灰色，"高光级别"设为 80，"光泽度"设为 35；单击"漫反射"后面的"M"按钮，选择"商标.JPG"位图，在漫反射颜色坐标中取消 U、V 瓷砖复选框的勾选状态，将 U 方向的"瓷砖"值设置为 1.4，V 方向"偏移"值设置为 −0.16、"瓷砖"值设置为 1.2，此参数可以通过微调器预览方式进行调试，如图 6-5-4 所示。

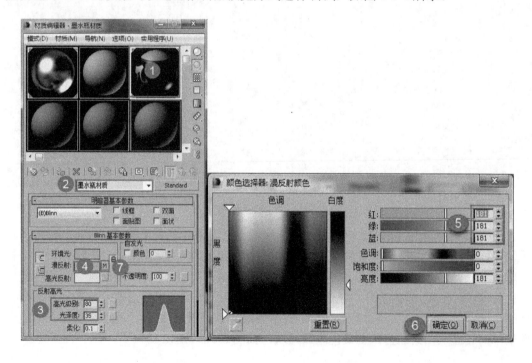

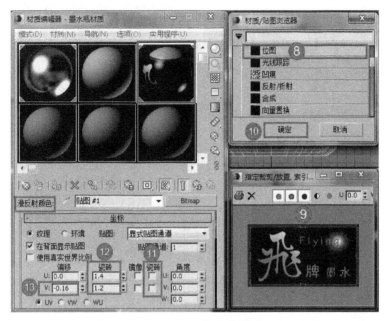

图 6-5-4　墨水瓶瓶体材质

(4) 按快捷键 F9 渲染摄像机视图，系统会提示"缺少贴图坐标"，所以墨水瓶需要设置"UVW 贴图"坐标，如图 6-5-5 所示。

(5) 单击右侧修改选项卡，在"修改器列表"中选择"UVW 贴图"，默认"平面"贴图坐标参数，设置对齐 Y 轴，单击"适配"按钮，场景中墨水瓶中会出现一个橙色框线，商标出现在墨水瓶正中间位置，如图 6-5-6 所示。

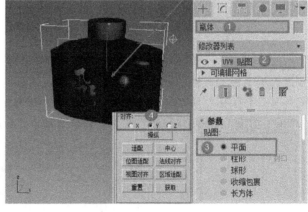

图 6-5-5　缺少贴图坐标　　　　　　　　图 6-5-6　设置 UVW 贴图

(6) 将摄像机视图切换为透视图，用环形旋转图标旋转墨水瓶，瓶后的商标贴图是反向显示的，应该去掉后面的贴图。选择"墨水瓶材质"，单击"漫反射"灰色按钮，在"漫反射颜色"的"坐标"参数中，取消"在背面显示贴图"勾选项，这样就可以去掉墨水瓶背后的显示贴图了，如图 6-5-7 所示。

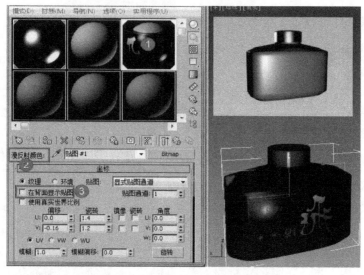

图 6-5-7　取消墨水瓶背面商标贴图

(7) 选择 Camera01 的摄像机视图，设置安全框，单击所有视图最大化图标；按 F10 键打开"渲染设置"对话框，选择"输出大小"为"800×600"像素，再单击"渲染"按钮，保存效果图。

(8) 依次单击 3ds Max 窗口左上角的"文件"→"归档"菜单命令，将设计结果归档为 .zip 后缀的压缩文件包。

6.6　不锈钢杯

微　课

1. 设计要求

(1) 分别给一个不锈钢杯的瓶体和瓶盖赋上不同的材质(必要时更改贴图坐标)。瓶体和瓶盖的基本色为白色。设置一定的高光，在瓶体和瓶盖上分别赋上不锈钢杯 A.GIF 和不锈钢杯 B.GIF 贴图材质，并调整其尺寸和角度，效果如图 6-6-1 所示。

(2) 渲染 Camera01 视图，设置渲染输出为 800×600 像素，并保存渲染图，将文件归档。

图 6-6-1　不锈钢杯效果图

2. 设计过程

(1) 打开不锈钢杯.max 文件，该场景中有一个不锈钢开水杯，灯光和摄像机已设置好，如图 6-6-2 所示。

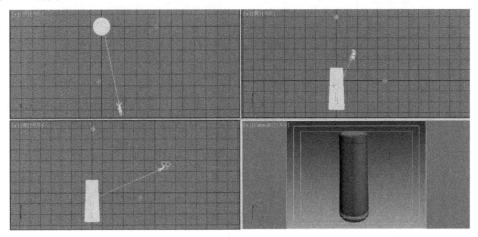

图 6-6-2　场景文件

(2) 按键盘上的 M 键或工具条中的材质编辑器图标，进入"材质编辑器"对话框，选择第一个未使用过材质球，将其命名为"杯盖材质"；设置其明暗器为"金属"，"高光级别"为 90，"光泽度"为 70；展开"贴图"卷展栏，单击反射贴图类型的"无"按钮，选择"金属反射贴图.JPG"位图，设置"模糊偏移"值为 0.2，"反射"值为 50，随后将该材质拖拽到不锈钢杯杯盖上，如图 6-6-3 所示。

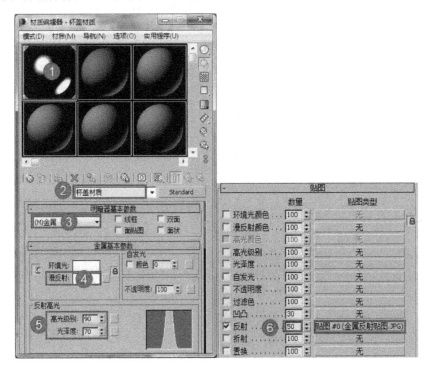

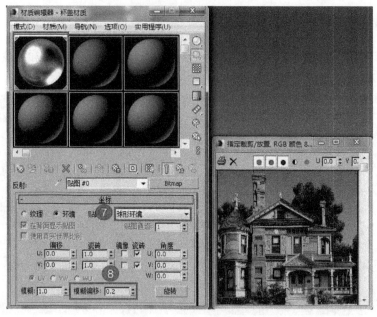

图 6-6-3　设置金属材质

(3) 将"材质编辑器"的"杯盖材质"拖放到第 2 个未使用过的材质球上，选择"复制"该材质，命名为"杯体材质"；展开"贴图"卷展栏，单击"漫反射"贴图右边的"无"按钮，选择 MAX.GIF 位图，将该贴图的水平 U 方向平铺次数设为 3，垂直 V 方向的平铺次数设为 4，取消"瓷砖"勾选项，让 MAX 只在杯体出现一次。将该漫反射贴图拖放到"凹凸"的"贴图类型"的"无"按钮上，在弹出的对话框中单击"实例"按钮，这样可以在修改漫反射贴图参数时同步改变凹凸贴图的纹理，如图 6-6-4 所示。

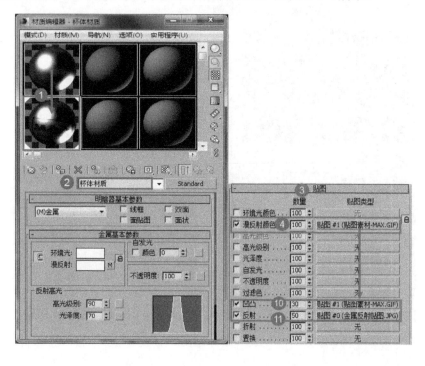

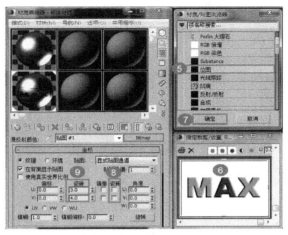

图 6-6-4　设置凹凸贴图

(4) 按快捷键 F9 渲染摄像机视图，系统提示"缺少贴图坐标"，不锈钢杯不能显示正常贴图；单击修改选项卡，如图 6-6-5 所示。

图 6-6-5　系统缺少贴图坐标

(5) 在"修改器列表"中选择"UVW 贴图"，将贴图坐标设置为"柱形"；对齐坐标设置为 Z 轴，单击"适配"按钮，在场景中一个橙色的框线完整地将不锈钢杯罩住，MAX 贴图正常地显示在杯体中间位置，如图 6-6-6 所示。

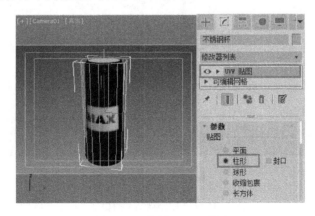

图 6-6-6　设置 UVW 贴图

（6）选择 Camera01 的摄像机视图，设置安全框，单击所有视图最大化图标；按 F10键打开"渲染设置"对话框，选择"输出大小"为"800×600"像素，再单击"渲染"按钮，保存效果图。

（7）依次单击 3ds Max 窗口左上角的"文件"→"归档"菜单命令，将设计结果归档为 .zip 后缀的压缩文件包。

6.7　围 棋 棋 盘

微 课

1. 设计要求

（1）使用 Blinn 渲染模型，在适当的贴图通道上赋上木纹.JPG 和棋盘格子.JPG 贴图材质，使方体成为一个围棋棋盘三维模型，效果如图 6-7-1 所示。

（2）渲染 Camera01 视图，设置渲染输出为 800 × 600 像素，并保存渲染图，将文件归档。

图 6-7-1　棋盘效果图

2. 设计过程

（1）打开围棋棋盘.max 文件，该场景中有一个方体三维网格模型，该方体未赋材质，在摄像机视图中选择棋盘，如图 6-7-2 所示。

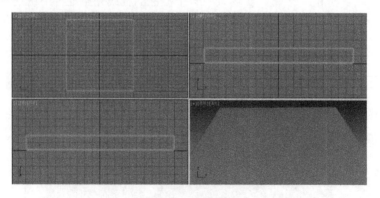

图 6-7-2　场景文件

（2）按键盘上的 M 键或工具条中的材质编辑器图标，进入"材质编辑器"对话框，选择第 1 个未使用过的材质球，将"高光级别"设为 60，"光泽度"设置为 30；展开"贴图"

卷展栏，单击"漫反射"贴图类型的"无"按钮，选择木纹.JPG 作为漫反射贴图，返回上一级，如图 6-7-3 所示。

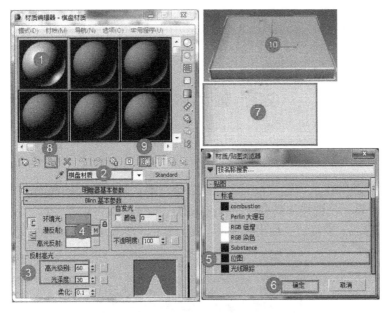

图 6-7-3 设置棋盘漫反射材质

(3) 在"贴图"卷展栏中，单击"凹凸"的"贴图类型"的"无"按钮，选择"棋盘格子.JPG"文件作为凹凸贴图，将该材质拖放到场景中的棋盘上，如图 6-7-4 所示。

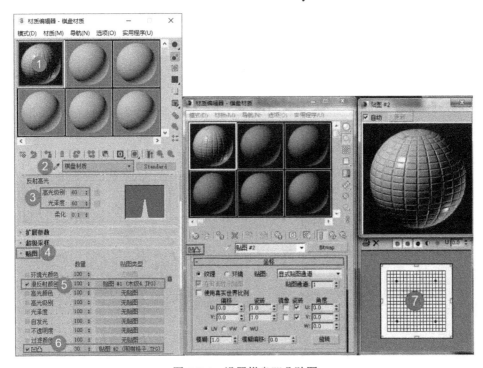

图 6-7-4 设置棋盘凹凸贴图

(4) 选择 Camera01 的摄像机视图，设置安全框，单击所有视图最大化图标；按 F10 键打开"渲染设置"对话框，选择"输出大小"为"800×600"像素，再单击"渲染"按钮，保存效果图。

(5) 依次单击 3ds Max 窗口左上角的"文件"→"归档"菜单命令，将设计结果归档为 .zip 后缀的压缩文件包。

6.8 雕 龙 立 柱

微 课

1. 设计要求

(1) 使用金属渲染模式，给立柱赋上白色金属材质；设置一定的高光，在立柱中段赋上飞龙.tif 贴图材质，使该柱体具有一定的浮雕感，效果如图 6-8-1 所示。

(2) 渲染透视图，设置渲染输出为 800×600 像素，并保存渲染图，将文件归档。

图 6-8-1　雕龙立柱效果图

2. 设计过程

(1) 打开雕龙立柱.max 文件，该场景中有一个未赋材质的圆柱立柱，如图 6-8-2 所示。

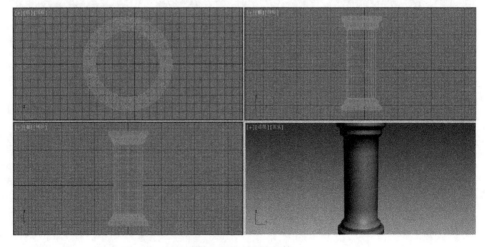

图 6-8-2　场景文件

(2) 选择场景中的立柱,按键盘上的 M 键或工具条中的材质编辑器图标,进入"材质编辑器"对话框,选择第 1 个材质球,将其命名为"金属材质";将明暗器设置为"金属","高光级别"设为 120,"光泽度"设为 75;展开"贴图"卷展栏,单击反射贴图类型的"无"按钮,在弹出的"图像位图/图像文件"对话框中,选择"金属反射贴图.JPG",将"模糊偏移"值设置为 0.2。返回上级,在金属材质"贴图"卷展栏中,单击"凹凸"贴图类型的"无"按钮,选择"飞龙.TIF"位图,设置 U 方向"瓷砖"的平铺次数为 1,V方向瓷砖平铺次数为 1.3;取消 U、V 两个方向的"瓷砖"复选项,单击将材质指定给选定对象图标,将金属材质赋给场景中的立柱,然后再单击在视口中显示贴图图标,如图 6-8-3所示。

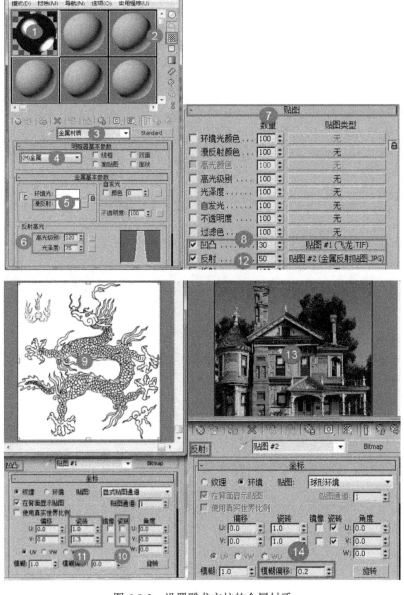

图 6-8-3　设置雕龙立柱的金属材质

(3) 按快捷键(数字 8 键)打开"环境和效果"对话框，设置环境背景的环境贴图为"渐变坡度"；将该贴图拖放到"材质编辑器"的第 2 个材质球上，设置"坐标"的"贴图"为"屏幕"，"角度"的"W"值为 −90 度，"渐变坡度参数"左侧色标为绿色(RGB(42,255,0))，中间色标为蓝色(RGB(0,12,255))，右侧色标为紫色(RGB(216,0,255))，如图 6-8-4 所示。

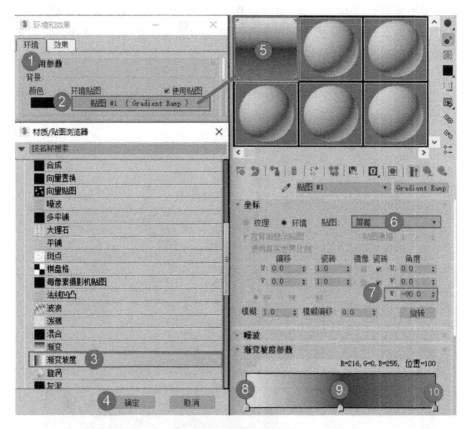

图 6-8-4　设置环境背景

(4) 选择 Camera01 的摄像机视图，设置安全框，单击所有视图最大化图标；按 F10 键打开"渲染设置"对话框，选择"输出大小"为"800×600"像素，再单击"渲染"按钮，保存效果图。

(5) 依次单击 3ds Max 窗口左上角的"文件"→"另存为"→"归档"菜单命令，将设计结果归档为 .zip 后缀的压缩文件包。

模块 7 复合材质与贴图

3ds Max 中不仅有标准材质，还提供了几种非标准材质，即复合材质，这些材质可以创造出标准材质所达不到的效果，如 Blend 混合材质、Multi/Sub-Object 多重子材质、双面材质等。

7.1 卷 曲 平 面

微 课

1. 设计要求

(1) 参照图 7-1-1 所示的效果图，使用适当的材质类型，给卷曲平面的上、下两个面分别赋上不同的材质：上面平面使用绒毯.JPG 贴图材质，下面平面使用席子.JPG 贴图材质。

(2) 渲染 Camera01 视图，设置渲染输出为 800 × 600 像素，并保存渲染图(如图 7-1-1 所示)，将文件归档。

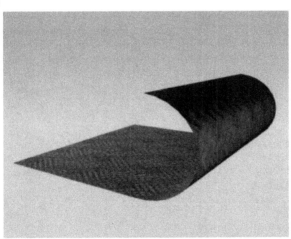

图 7-1-1 卷曲平面效果图

2. 设计过程

(1) 打开卷曲平面.max 文件，该场景中有一个卷曲平面三维模型，灯光和摄像机均已设置好，如图 7-1-2 所示。

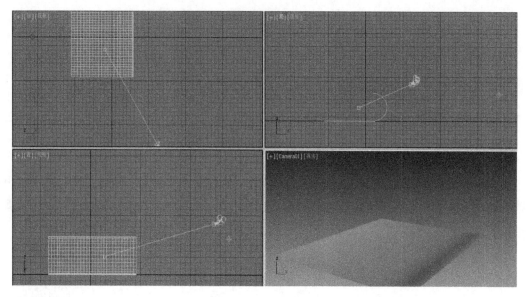

图 7-1-2　场景文件

(2) 按键盘上的 M 键或工具条中的材质编辑器图标，进入"材质编辑器"对话框。选择第 1 个未使用过的材质球，单击"标准"按钮，在弹出的"材质/贴图浏览器"对话框中选择"双面"复合材质，如图 7-1-3 所示。

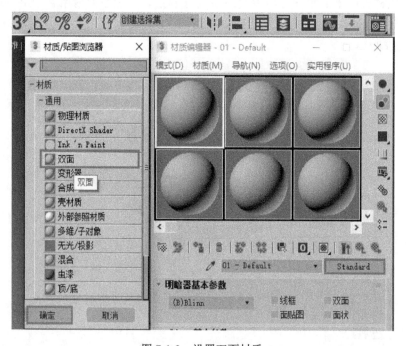

图 7-1-3　设置双面材质

(3) 在双面材质面板上单击"正面材质"后面的长按钮，此材质属于标准材质；单击"漫反射"后面的灰色按钮，在弹出的"材质/贴图浏览器"对话框中单击"位图"按钮，将绒毯.JPG 作为正面材质的贴图，如图 7-1-4 所示。

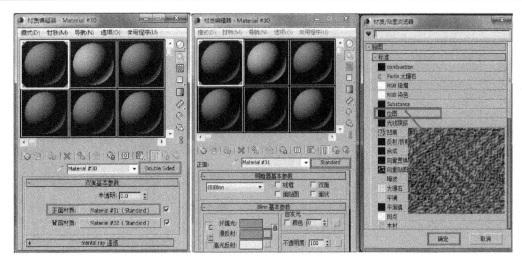

图 7-1-4　设置正面材质贴图

　　(4) 单击"材质编辑器"右边垂直工具条上的材质导航器图标，打开"材质/贴图导航器"对话框，在"材质/贴图导航器"对话框中选择"背面"材质，如图 7-1-5 所示。

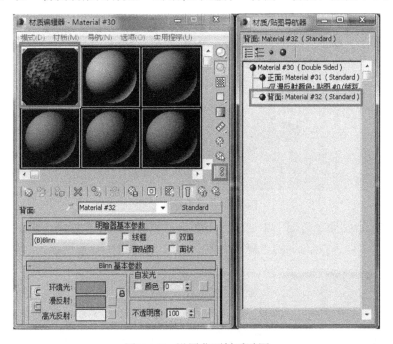

图 7-1-5　设置背面材质贴图

　　注意： 当材质(或贴图)层级比较深的时候，使用"材质/贴图导航器"可以快速地在各个层级之间进行切换，它类似于一棵倒置的树状结构，树根在最高层，其下是一级级的分枝，通过缩进排列一目了然，无须使用返回父级按钮一步步地返回。

　　(5) 单击背面材质右边的长按钮，进入背面标准材质面板；单击"漫反射"后面的灰色小按钮，在弹出的"材质/贴图浏览器"对话框中单击"位图"按钮，将席子.JPG 作为正面材质的贴图，如图 7-1-6 所示。

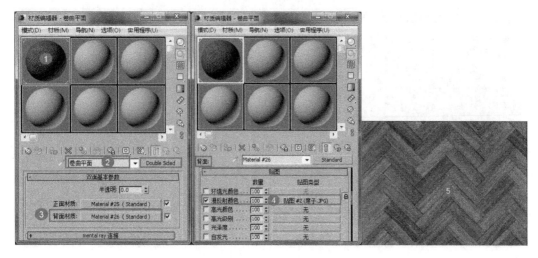

图 7-1-6　设置背面材质贴图

　　(6) 在"材质/贴图导航器"中单击最高级，回到双面材质面板，将此材质指定给场景中的卷席，渲染摄像机视图，效果并不好，席子纹理太粗，需要增加重复贴图的次数，如图 7-1-7 所示。

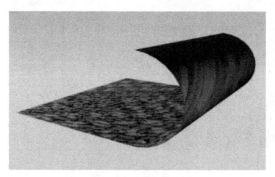

图 7-1-7　设置贴图纹理

　　(7) 在"材质/贴图导航器"中选择"正面"材质的"贴图"层级，直接进入"贴图"参数面板，修改 U、V 方向上的"瓷砖"值分别为 5，如图 7-1-8 所示。

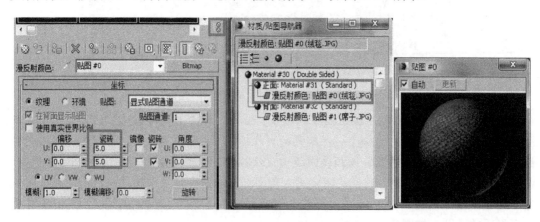

图 7-1-8　设置正面材质贴图纹理

(8) 同样选择"背面"材质的"贴图"层级，修改 U、V 方向上的"瓷砖"值分别为 5，如图 7-1-9 所示。

图 7-1-9　设置背面材质贴图纹理

(9) 返回到双面材质面板最高层，尝试调节"半透明"值，观察渲染效果，当不透明度为 50 时，似乎两种贴图纹理混合到一起去了，此处不透明度应该为 0，如图 7-1-10 所示。

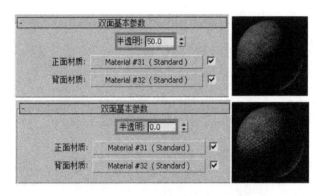

图 7-1-10　设置双面材质半透明参数

(10) 选择 Camera01 的摄像机视图，设置安全框，单击所有视图最大化图标；按 F10 键打开"渲染设置"对话框，选择"输出大小"为"800×600"像素，再单击"渲染"按钮，保存效果图。

(11) 依次单击 3ds Max 窗口左上角的"文件"→"归档"菜单命令，将设计结果归档为 .zip 后缀的压缩文件包。

7.2　木　　球

微　课

1. 设计要求

(1) 参照图 7-2-1 所示的图，使用适当的材质类型，给球体的上部和下部赋上两种不同的材质，上部材质贴图文件名为墙面.JPG，下部材质贴图文件名为木纹.JPG，要求两种材质在中间部分有 20% 的混合度。

(2) 渲染 Camera01 视图，设置渲染输出为 800×600 像素，并保存渲染图(如图 7-2-1

所示)，将文件归档。

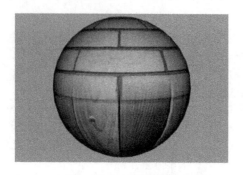

图 7-2-1　木球效果图

2. 设计过程

(1) 打开木球.max 文件，该场景中有一个球体，灯光和摄像机均已设置好，如图 7-2-2 所示。

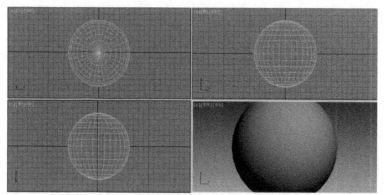

图 7-2-2　场景文件

(2) 选择场景中的球体，进入"材质编辑器"，选择第 1 个未使用过的材质球，将标准材质设置为"顶/底"复合材质，如图 7-2-3 所示。

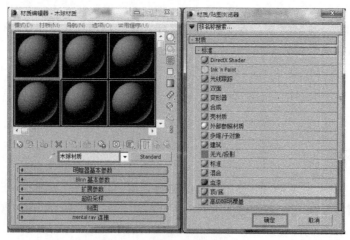

图 7-2-3　设置顶/底复合材质

（3）单击"顶材质"右边的长按钮，该材质为标准材质；单击"漫反射"后面的灰色按钮，在弹出的"材质/贴图浏览器"对话框中，选择墙面.JPG 的位图，如图 7-2-4 所示。

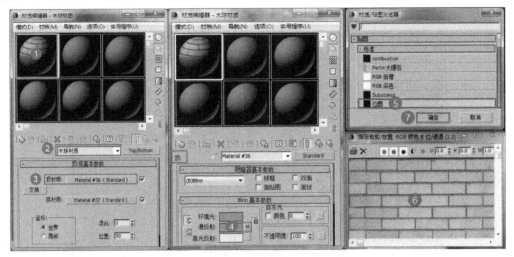

图 7-2-4　设置顶材质贴图

（4）观察材质球可以看到该贴图已覆盖到材质球的上半部分，表明已获取到顶部材质，如图 7-2-5 所示。

图 7-2-5　预览材质球效果图

（5）单击"材质编辑器"右边垂直工具条上的材质导航器图标，打开"材质/贴图导航器"对话框，在"材质/贴图导航器"对话框中选择"顶/底"材质的底部材质，如图 7-2-6 所示。

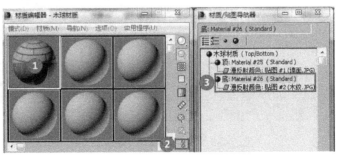

图 7-2-6　打开"材质/贴图导航器"

(6) 单击"漫反射"后面的灰色按钮，在弹出的"材质/贴图浏览器"对话框中，选择木纹.JPG 的位图。观察材质球可以看到该贴图已经覆盖到材质球的下半部分，如图 7-2-7 所示。

图 7-2-7　设置底材质

(7) 现在上、下分界过于明显，接下来使之产生融合。返回顶/底材质父级面板，将"混合"值设置为 20，如图 7-2-8 所示。

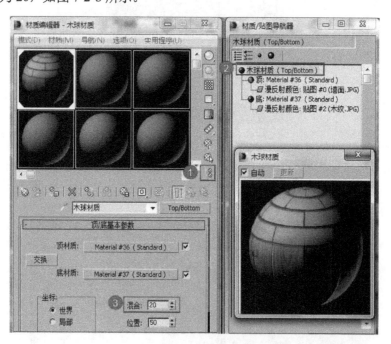

图 7-2-8　设置顶/底材质融合值

(8) 选择透视图，设置安全框，单击所有视图最大化图标；按 F10 键打开"渲染设置"

对话框，选择"输出大小"为"800×600"像素，再单击"渲染"按钮，保存效果图。

(9) 依次单击 3ds Max 窗口左上角的"文件"→"归档"菜单命令，将设计结果归档为 .zip 后缀的压缩文件包。

7.3　蛇

微 课

1. 设计要求

(1) 使用适当的材质类型，给蛇的背部赋上蛇皮纹理的材质，所需贴图文件为蛇.JPG，蛇的腹部为白色(必要时可更改贴图坐标)。

(2) 渲染 CAMERA01 视图，设置渲染输出为 800×600 像素，并保存渲染图，如图 7-3-1 所示，将文件归档。

图 7-3-1　蛇效果图

2. 设计过程

(1) 打开蛇.max 文件，该场景中有一条蛇状体三维模型，地面已设定材质，灯光和摄像机均已设置好，如图 7-3-2 所示。

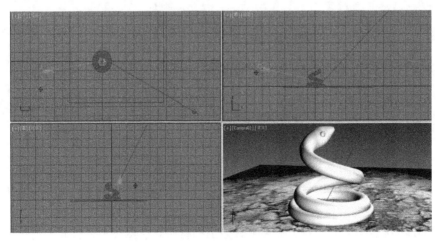

图 7-3-2　场景文件

(2) 选择场景中的蛇体模型，打开"材质编辑器"，选择第 2 个绿色的材质球，设置该材质为"顶/底"复合材质，丢弃旧的材质，如图 7-3-3 所示。

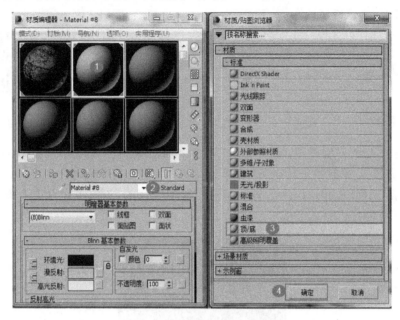

图 7-3-3　设置顶/底复合材质

(3) 单击"顶材质"右边的按钮，该按钮属于标准材质类型；单击"漫反射"后面的灰色按钮，打开"材质/贴图浏览器"，单击"位图"，选择蛇.JPG 的蛇皮图案作为顶部贴图，如图 7-3-4 所示。

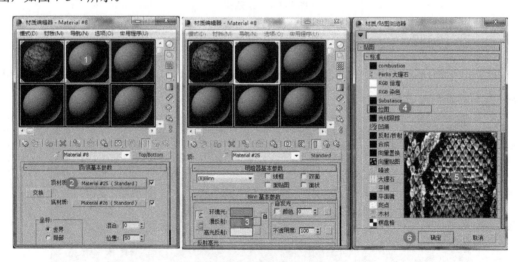

图 7-3-4　设置顶材质贴图

(4) 观察材质样本球可以看到该贴图已覆盖到样本球的上半部分，表明顶部材质已经设置好，将它作为蛇背的材质，如图 7-3-5 所示。

(5) 单击"材质编辑器"右边垂直工具条上的材质导航器图标，打开"材质/贴图导航器"对话框，在"材质/贴图导航器"对话框中选择"顶/底"材质的底部材质，如图 7-3-6

所示。

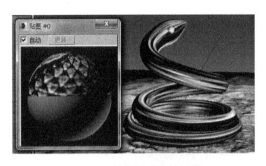

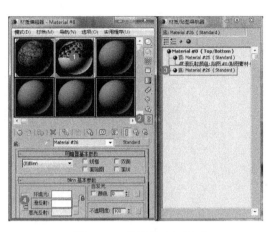

图 7-3-5　预览材质球效果图　　　　　　　　图 7-3-6　设置蛇腹部材质

(6) 设置底部材质的漫反射颜色为白色，因为蛇的腹部不需要有纹理，将该材质拖放到场景中的蛇体模型上，如图 7-3-6 所示。

(7) 按快捷键 F9 渲染摄像机视图，如图 7-3-7 所示。如果顶部和底部材质赋反了，则只要单击顶部材质和底部材质中间的交换按钮即可，无须重新设置。

(8) 现在蛇的纹理效果并没有出来，这是因为没有选择一种合适的贴图坐标。再次单击顶部材质右边的按钮，返回到顶部材质的标准材质面板中，选择"明暗器基本参数"卷展栏下的"面贴图"选项；再次渲染摄像机视图，如图 7-3-8 所示。

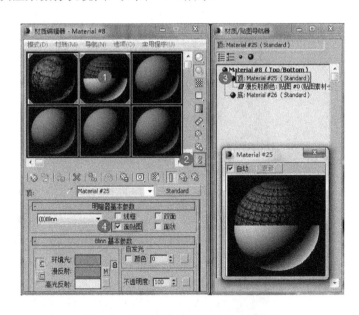

图 7-3-7　初步渲染蛇的效果图　　　　　　图 7-3-8　设置顶材质蛇纹理的面贴图

(9) 现在背部的蛇皮和腹部的白色分界过于明显，接下来使之产生融合。返回到顶/底材质面板中，设置"混合"值为 30，渲染视图可以看到现在的效果好多了，如图 7-3-9所示。

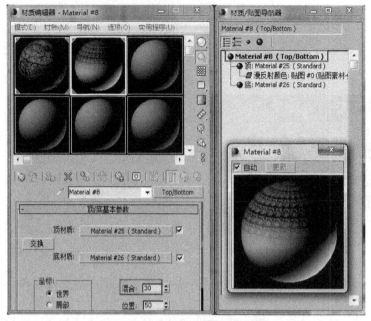

图 7-3-9　设置顶/底材质混合值

(10) 进一步观察可以看出，蛇的背部纹理所占比例较少，与腹部平分。设置位置参数值为 40，这样背部蛇皮将占 60%的面积，腹部白色只占 40%的面积，渲染效果图，此时蛇的材质看上去非常不错，一条生动的蛇制作好了，如图 7-3-10 所示。

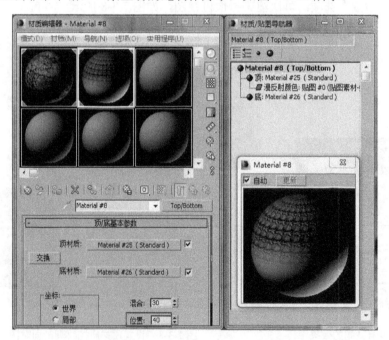

图 7-3-10　设置顶底材质混合的位置

(11) 选择摄像机视图，设置安全框，单击所有视图最大化图标；按 F10 键打开"渲染设置"对话框，选择"输出大小"为"800 × 600"像素，再单击"渲染"按钮，保存效果图。

(12) 依次单击 3ds Max 窗口左上角的"文件"→"归档"菜单命令，将设计结果归档为.zip 后缀的压缩文件包。

7.4 仕女茶壶

微课

1. 设计要求

(1) 参照图 7-4-1 所示的设计效果图，使用适当的材质类型，给茶壶内外两个面分别赋上不同的材质，茶壶里面为浅红色材质，茶壶外面为有一定凹凸感的黄色金属材质，所需贴图文件为仕女.GIF。

(2) 渲染 Camera01 视图，设置渲染输出为 800×600 像素，将文件归档(如图 7-4-1 所示)，并保存渲染图。

图 7-4-1 仕女图茶壶效果图

2. 设计过程

(1) 打开茶壶.max 文件，该场景中有一个未设定材质的茶壶，灯光和摄像机均已设置好，如图 7-4-2 所示。

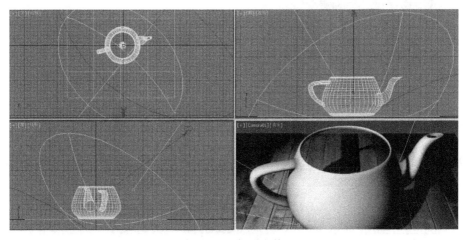

图 7-4-2 场景文件

(2) 选择茶壶模型，单击 M 键或材质编辑器图标，选择第一个绿色的材质样本球，命名为"茶壶材质"；单击"标准"按钮，在弹出的对话框中选择"双面"复合材质，如图7-4-3 所示。

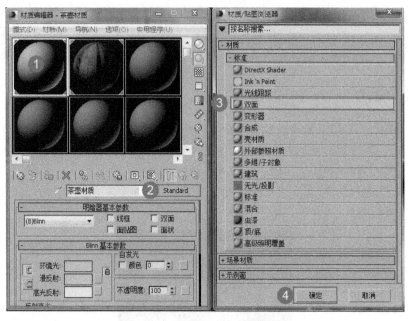

图 7-4-3　设置"双面"复合材质

(3) 单击"正面"材质后面的长按钮，在"明暗器基本参数"设置中设置金属明暗器，设置"漫反射"颜色为金黄色(RGB(203,185,111))，"高光级别"为 75，"光泽度"为 60，如图 7-4-4 所示。

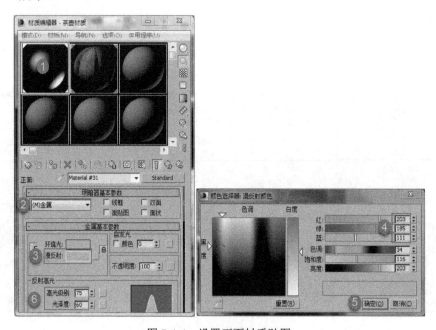

图 7-4-4　设置正面材质贴图

(4) 展开"贴图"卷展栏，设置"反射"贴图为"金属反射贴图.JPG"，设置"模糊偏移"值为 0.2，返回上一级，如图 7-4-5 所示。

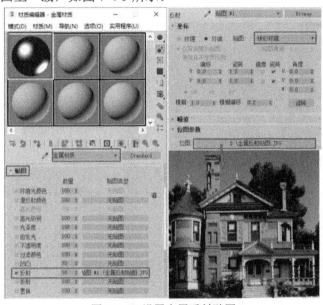

图 7-4-5　设置金属反射贴图

(5) 在正面材质的"贴图"卷展栏中，设置"凹凸"数量为 30，加深凹凸值，单击凹凸"贴图类型"的"无"按钮；选择"仕女.GIF"作为凹凸贴图，设置该贴图的 V 垂直方向坐标偏移量为 −0.15，使仕女图整体下移到茶壶中间位置，如图 7-4-6 所示。

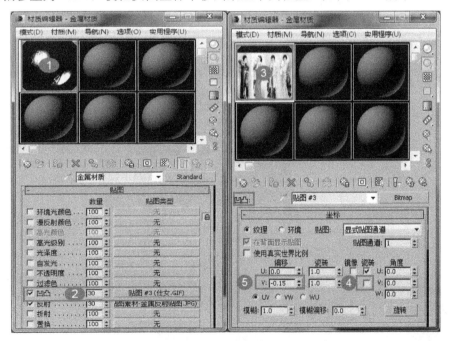

图 7-4-6　设置凹凸贴图

(6) 单击"材质编辑器"右边垂直工具条上的材质导航器图标，打开"材质/贴图导航器"对话框,在"材质/贴图导航器"对话框中选择双面材质的"背面"材质,如图 7-4-7 所示。

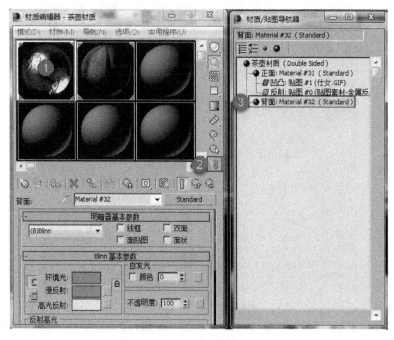

图 7-4-7　打开材质导航器

(7) 单击"背面"材质后的长按钮,选择漫反射颜色为浅红色,在颜色器上调整其相应的颜色,"高光级别"设为 60,"光泽度"设为 40,将该双面材质赋给场景中的茶壶,如图 7-4-8 所示。

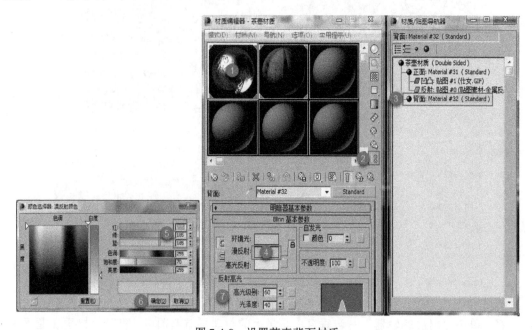

图 7-4-8　设置茶壶背面材质

(8) 选择摄像机视图，设置安全框，单击所有视图最大化图标；按 F10 键打开"渲染设置"对话框，选择"输出大小"为"800×600"像素，再单击"渲染"按钮，保存效果图。

(9) 依次单击 3ds Max 窗口左上角的"文件"→"归档"菜单命令，将设计结果归档为 .zip 后缀的压缩文件包。

7.5　笔　筒

微　课

1. 设计要求

(1) 参照图 7-5-1 所示的设计效果图，使用适当的材质类型，给笔筒分别赋上 3 种不同的材质(必要时更改贴图坐标)，其中笔筒中部使用水墨画.JPG 贴图材质，上、下两个小凹槽部分使用金边.tif 贴图文件，其他部分为白色材质。

(2) 渲染透视图，设置渲染输出为 800 × 600 像素，并保存渲染图(如图 7-5-1 所示)，将文件归档。

图 7-5-1　笔筒效果图

2. 设计过程

(1) 打开笔筒.max 文件，该场景中有一个笔筒三维模型，如图 7-5-2 所示。

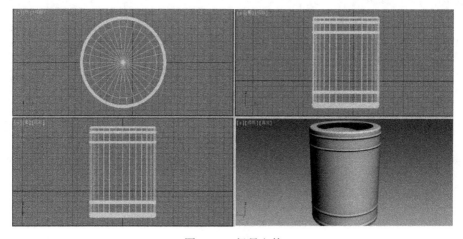

图 7-5-2　场景文件

(2) 选择场景中的笔筒模型，单击 M 键或材质编辑器图标，选择第 1 个绿色的材质样本球，命名为"笔筒材质"；单击后面的按钮，在弹出的对话框中选择"多维/子对象"复合材质，如图 7-5-3 所示。

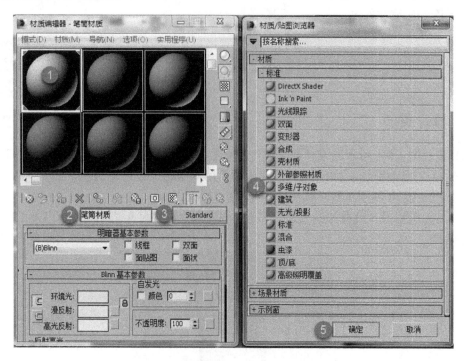

图 7-5-3　设置"多维/子对象"复合材质

(3) 设置子材质数量为 3，单击 ID1 子材质，将其命名为"其他材质"，"漫反射"颜色设为白色，"高光级别"设为 60，"光泽度"设为 40，如图 7-5-4 所示。

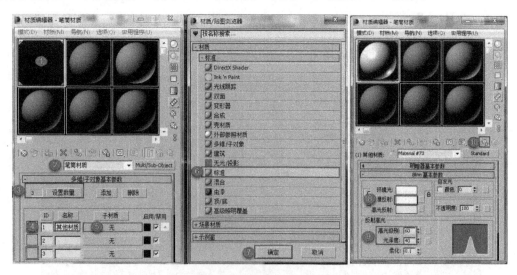

图 7-5-4　设置 ID1 子材质

(4) 将 ID1 子材质拖拽到 ID2 子材质上，选择"复制"该子材质，将其命名为"中部材质"，如图 7-5-5 所示。

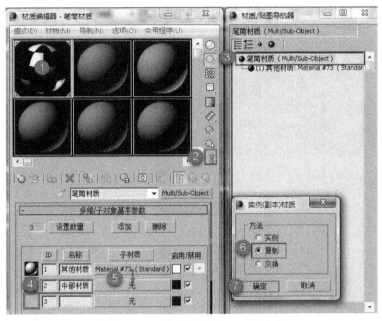

图 7-5-5　"复制"设置 ID2 子材质

(5) 设置中部材质的漫反射贴图为水墨画.JPG，单击视口中的显示明暗处理材质图标，观察透视图中的贴图效果，如图 7-5-6 所示。

图 7-5-6　设置中部材质贴图

(6) 将 ID1 子材质拖拽到 ID3 子材质上，选择"复制"该子材质，将其命名为"凹槽材质",如图 7-5-7 所示。

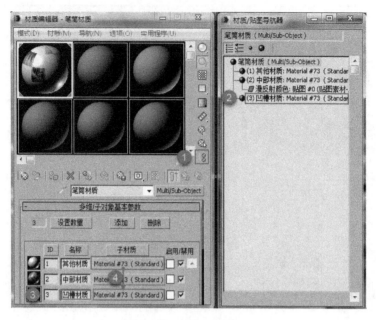

图 7-5-7　制作凹槽材质

(7) 设置凹槽材质漫反射贴图为"位图",选择"金边花纹.JPG",如图 7-5-8 所示。

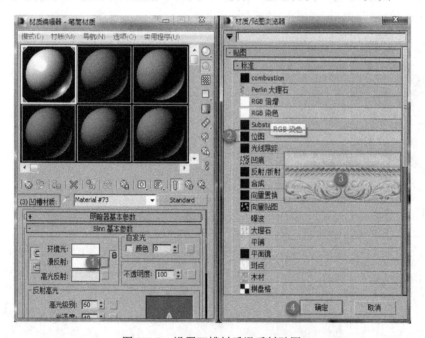

图 7-5-8　设置凹槽材质漫反射贴图

(8) 在凹槽材质"坐标"参数中,设置 U 方向"瓷砖"为 7.2,V 方向"瓷砖"为 10.6,其中 V 方向"偏移"值设为 0.02;单击视口中的显示明暗处理材质图标,观察透视图中的金边花纹贴图效果,如图 7-5-9 所示。

图 7-5-9　设置金边花纹贴图效果

(9) 选择摄像机视图，设置安全框，单击所有视图最大化图标；按 F10 键打开"渲染设置"对话框，选择"输出大小"为"800×600"像素，再单击"渲染"按钮，保存效果图。

(10) 依次单击 3ds Max 窗口左上角的"文件"→"归档"菜单命令，将设计结果归档为 .zip 后缀的压缩文件包。

7.6　石　　凳

微　课

1. 设计要求

(1) 参照图 7-6-1 所示的设计效果图，使用适当的材质类型给石凳赋上两种不同的材质(必要时更改贴图坐标)，石凳的两个端面材质为磁砖.JPG 贴图材质，其侧面材质为大理石.JPG 贴图材质。

(2) 渲染摄像机视图，设置渲染输出为 800×600 像素，并保存渲染图(如图 7-6-1 所示)，将文件归档。

图 7-6-1　石凳效果图

2. 设计过程

(1) 打开石凳.max 文件，该场景中有一张石凳三维模型，如图 7-6-2 所示。

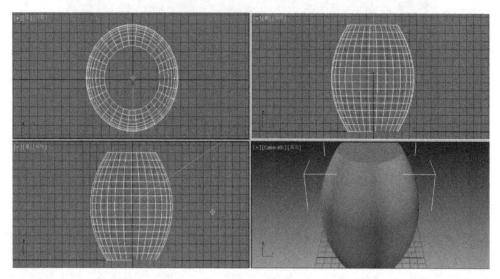

图 7-6-2　场景文件

(2) 参照设计效果图，可以看到石凳有两种材质，需要使用"多维/子对象"材质，在设置复合材质前，要先设置石凳相应多边形面的 ID 值。单击场景中的石凳三维模型，选择命令面板"可编辑网格"→"多边形"编辑方式，将右侧命令参数面板的滚动条移动到"曲面属性"卷展栏里的"材质"下的"设置 ID"位置，在前视图中框选石凳所有的面，在"设置 ID"输入框中输入 1，将石凳所有的面设置为 ID1 子材质，如图 7-6-3 所示。

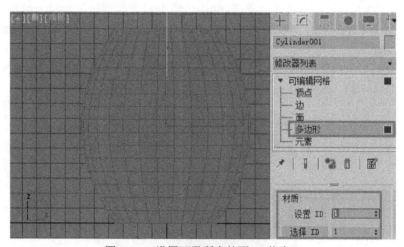

图 7-6-3　设置石凳所有的面 ID 值为 1

(3) 在前视图中框选石凳中间侧边的所有面，在"设置 ID"输入框中输入 2，将石凳侧边面材质设置为 ID2，如图 7-6-4 所示。

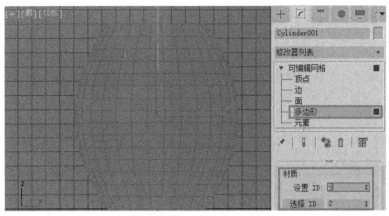

图 7-6-4　设置石凳中间侧边所有面的 ID 值为 2

(4) 单击"多边形"，取消其高亮显示，退出多边形编辑模式，否则后面赋材质将无法正常显示贴图，如图 7-6-5 所示。

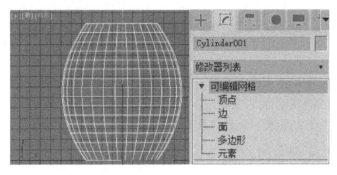

图 7-6-5　退出多边形编辑模式

(5) 按 M 键或单击材质编辑图标，打开"材质编辑器"对话框，选择第一个材质样本，将标准材质改为"多维/子对象"复合材质；在"多维/子对象基本参数"卷展栏中单击"设置数量"按钮，设置数量为 2，将石凳子材质设置为 2 种，如图 7-6-6 所示。

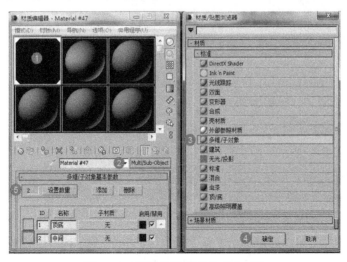

图 7-6-6　设置多维/子对象复合材质

（6）单击 ID1 子材质，该材质已被源文件赋予给石凳的两个端面，进入 ID1 的标准材质面板；单击"漫反射"后面的灰色小按钮，获取外部文件磁砖.JPG，再单击转到父对象图标返回上级 ID1 子材质，设置"高光级别"为 70，"光泽度"为 35；单击视口中的显示明暗处理材质图标，观察贴图是否会出现在石凳的两个端面；再单击转到父对象图标，返回"多维/子对象基本参数"卷展栏，如图 7-6-7 所示。

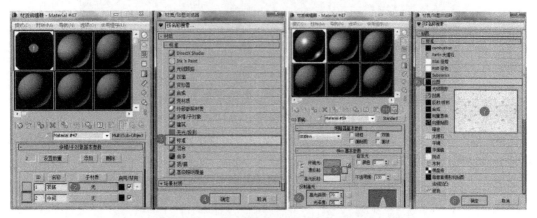

图 7-6-7　设置凳面 ID1 子材质

（7）由于 ID1 和 ID2 两种子材质都是标准材质，且大部分参数是相同的，所以可以将设定好的 ID1 子材质按钮拖放到 ID2 子材质的"无"按钮上，并在弹出的对话框中选择"复制"，这样修改 ID2 子材质就不会影响 ID1 的材质参数，如图 7-6-8 所示。

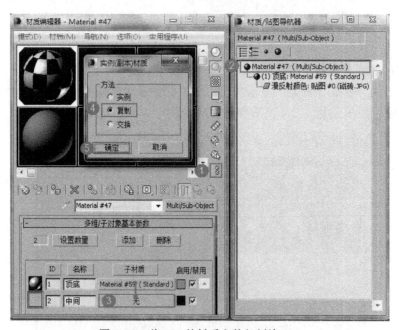

图 7-6-8　将 ID1 的材质参数复制给 ID2

（8）进入 ID2 子材质参数面板后，"漫反射"后面的"M"按钮表示漫反射贴图已经赋了位图，此位图是磁砖.JPG 文件贴图。这里要修改该贴图文件：单击该"M"按钮，在弹出的对话框中选择大理石.JPG位图文件，此时材质球显示了两种图案，一种是磁砖，另一种是大理石，将该材质拖放到场景中的石凳上，单击视口中的显示明暗处理材质图标，观察到大理石贴图不再出现在石凳侧面，如图7-6-9所示。

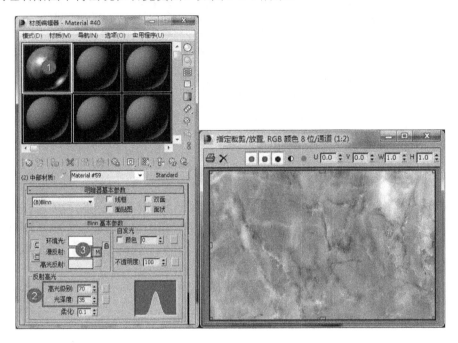

图 7-6-9 将材质赋给石凳

(9) 按快捷键 F9 渲染摄像机视图，系统会提示"缺少贴图坐标"，如图 7-6-10 所示。

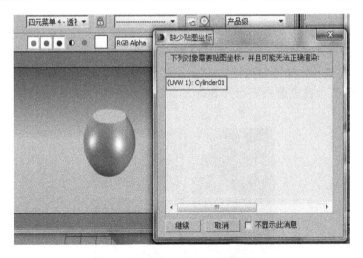

图 7-6-10 系统提示"缺少贴图坐标"

(10) 关闭"渲染"对话框，选择"修改器列表"→"UVW 贴图"命令，在其"参数"卷展栏中选择"柱形"，再将右侧滚动条移到最下端，在"对齐"选项中选择对齐 Z 轴；单击"适配"按钮，此时可以看到摄像机视图中的石凳外围有一圈橙色线框，贴图可以正确地赋在石凳表面，如图 7-6-11 所示。如果贴图无法正常显示，则单击右侧命令面板的"可编辑网格", 看是否退出多边形激活状态, 取消其黄色高亮显示。

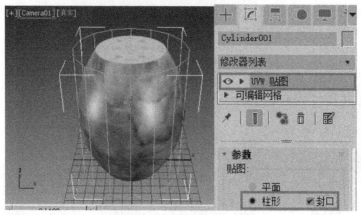

图 7-6-11　设置 UVW 贴图

(11) 选择摄像机视图, 设置安全框, 单击所有视图最大化图标; 按 F10 键打开"渲染设置"对话框, 选择"输出大小"为"800×600"像素, 再单击"渲染"按钮, 保存效果图。

(12) 依次单击 3ds Max 窗口左上角的"文件"→"归档"菜单命令, 将设计结果归档为 .zip 后缀的压缩文件包。

7.7　光　　盘

微 课

1. 设计要求

(1) 参照图 7-7-1 所示的设计效果图, 使用适当的材质类型, 给场景中的光盘赋上 3 种不同的材质: 中间小圆圈使用光盘 A.JPG 贴图材质, 最外围圆圈使用白色半透明材质, 其他区域使用光盘 B.JPG 贴图材质。

(2) 渲染透视图, 设置渲染输出为 800 × 600 像素, 并保存渲染图(如图 7-7-1 所示), 将文件归档。

图 7-7-1　光盘效果图

2. 设计过程

(1) 打开光盘.max 文件, 该场景中有一个用管状体修改而成的光盘模型, 如图 7-7-2 所示。

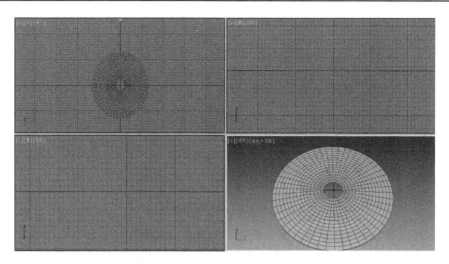

图 7-7-2　场景文件

(2) 光盘由 3 种材质构成，最里面有一圈文字图案，最外围圆圈材质是半透明材质，夹在中间的是光盘的主体——五彩的渐变材质，如图 7-7-3 所示。

图 7-7-3　光盘材质分析

(3) 在右侧命令面板单击修改选项卡，在"修改器列表"中选择"编辑网格"命令，如图 7-7-4 所示。

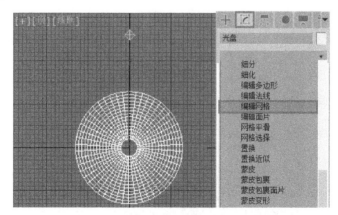

图 7-7-4　编辑网格

(4) 选择"编辑网格"→"多边形"，再单击工具栏中的圆形选择区域图标，如图 7-7-5 所示。

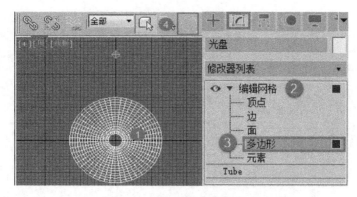

图 7-7-5　选择多边形编辑方式

(5) 在顶视图中框选全部光盘面，场景中光盘所有的面都显示为红色，在右侧命令面板中将滚动条移至下端，在材质"设置 ID"输入框中将全部选中的光盘面设置为 ID1，如图 7-7-6 所示。

(6) 在顶视图中框选光盘中间的面，外围留一圈不选，设置其 ID 值为 2，如图 7-7-7 所示。

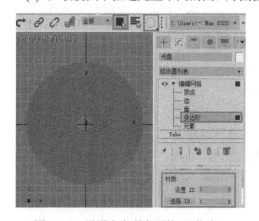
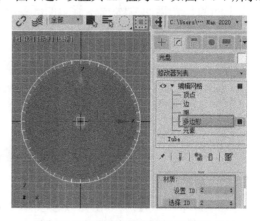

图 7-7-6　设置光盘所有面的 ID 值为 1　　　　　图 7-7-7　设置中部圆圈的 ID 值为 2

(7) 在顶视图中框选光盘里面的圆圈面，设置 ID 值为 3，如图 7-7-8 所示。取消多边形的高亮选择模式，退出选择状态，否则赋材质时会出现贴图不能显示或不能正常显示的问题。

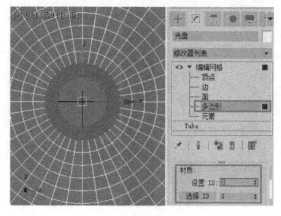

图 7-7-8　设置内圈 ID 值为 3

(8) 选择场景中的光盘模型，按快捷键 M 键或单击材质编辑器图标，在弹出的菜单中选择"多维/子对象"，单击"设置数量"按钮，输入数字 3，如图 7-7-9 所示。

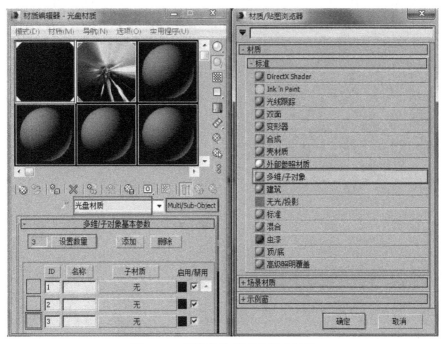

图 7-7-9　设置多维/子对象复合材质

(9) 单击 ID1 子材质右边的长按钮，进入标准材质面板，将"漫反射"颜色设置为白色，"不透明度"设置为 30，如图 7-7-10 所示。

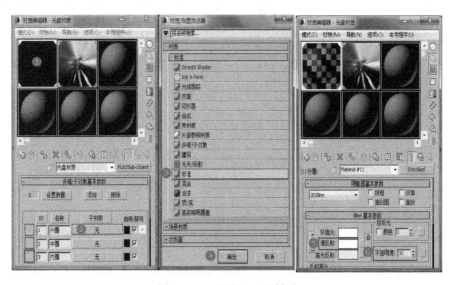

图 7-7-10　设置 ID1 子材质

(10) 单击"材质编辑器"右边垂直工具条上的材质导航器图标，打开"材质/贴图浏览器"对话框，在"材质/贴图浏览器"对话框中选择 ID2 子材质。单击 ID2 子材质右边的按钮，进入标准材质面板，为漫反射贴图通道添加一幅彩色渐变的位图，即光盘 B.JPG，如图 7-7-11 所示。

图 7-7-11　设置 ID2 子材质

　　(11) 单击"材质编辑器"右边垂直工具条上的材质浏览器图标，选择 ID3 子材质。单击 ID3 子材质右边的按钮，进入标准材质面板，为漫反射贴图通道添加一幅位图，即光盘

A.JPG，该贴图是一张黑白文字图，设置该贴图坐标 U、V "瓷砖" 平铺次数为 5，如图 7-7-12 所示。

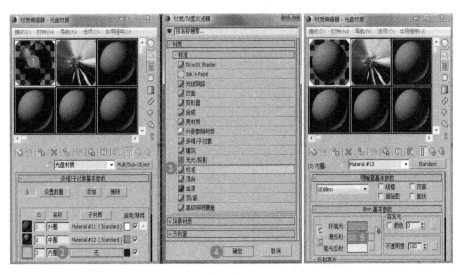

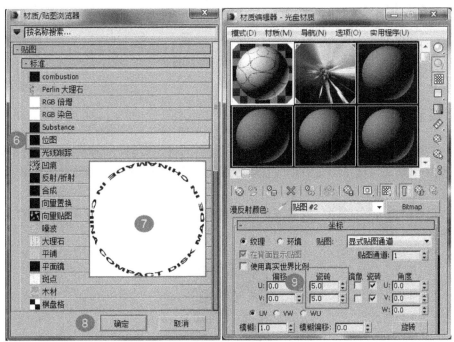

图 7-7-12　设置 ID3 子材质

　　(12) 选择场景中的光盘，在右侧命令面板 "修改器列表" 中选择 "UVW 贴图"，选择 "平面"，对齐 Z 轴并适配光盘模型，使场景中光盘外围的橙色框线正好罩住光盘，贴图可以完整地赋在光盘上，如图 7-7-13 所示。

　　(13) 选择摄像机视图，设置安全框，单击所有视图最大化图标；按 F10 键打开 "渲染设置" 对话框，选择 "输出大小" 为 "800 × 600" 像素，再单击 "渲染" 按钮，保存效果图。

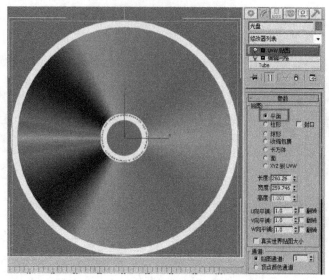

图 7-7-13　设置光盘的 UVW 贴图

(14) 依次单击 3ds Max 窗口左上角的"文件"→"归档"菜单命令，将设计结果归档为 .zip 后缀的压缩文件包。

7.8　烟　　盒

微　课

1. 设计要求

(1) 参照图 7-8-1 所示的设计效果图，使用适当的材质类型，给烟盒赋上 3 种不同的材质(必要时更改贴图坐标)：烟盒的正面材质为烟盒 A.JPG 贴图材质，侧面材质为烟盒 B.JPG 贴图材质，顶面材质设定为深红色。

(2) 渲染 Camera01 视图，设置渲染输出为 800 × 600 像素，并保存渲染图(如图 7-8-1 所示)，将文件归档。

图 7-8-1　烟盒效果图

2. 设计过程

(1) 打开烟盒.max 文件，场景中有一个烟盒三维模型，如图 7-8-2 所示。

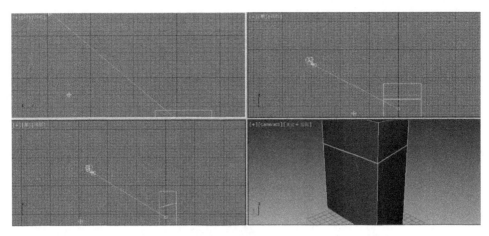

图 7-8-2　场景文件

(2) 源文件中已经将烟盒的相应多边形面设置了 ID 值，烟盒正面为 ID1，烟盒侧面为 ID2，烟盒顶面为 ID3。下面来设置烟盒的复合材质与贴图，如图 7-8-3 所示。

(3) 按 M 键或单击材质编辑图标，打开"材质编辑器"对话框，选择第一个材质样本，将标准材质改为"多维/子对象"复合材质，在"多维/子对象基本参数"卷展栏中单击"设置数量"按钮，设置数量为 3，将烟盒子材质设置为 3 种，如图 7-8-4 所示。

图 7-8-3　检查烟盒三维模型的 ID 值

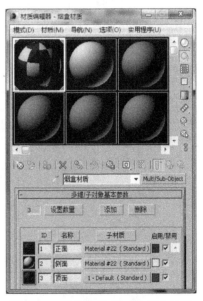

图 7-8-4　设置多维/子对象复合材质

(4) 单击 ID1 子材质，该材质设定给了烟盒正面，进入 ID1 的标准材质面板；单击"漫反射"后面的灰色按钮，获取外部文件"烟盒 A.JPG"，单击在视口中显示明暗处理材质图标，观察贴图是否会出现在烟盒正面，此时可看到图片是竖直显示的，在"坐标"卷展栏的角度"W"输入框中输入 –90，使烟盒正面的贴图顺时针旋转 90 度，令贴图摆正，如图 7-8-5 所示。

　　(5) 由于 ID1、ID2 和 ID3 3 种子材质都是标准材质，且大部分参数是相同的，所以可以将设定好的 ID1 子材质按钮拖放到 ID2 和 ID3 子材质的"无"按钮上，并在弹出的对话框中选择"复制"，这样修改 ID2 和 ID3 子材质参数就不会影响 ID1 的材质参数了，如图 7-8-6 所示。

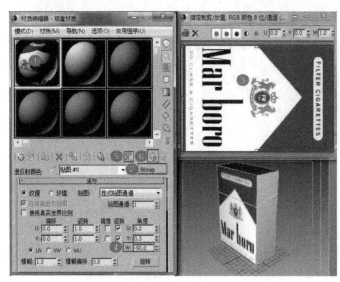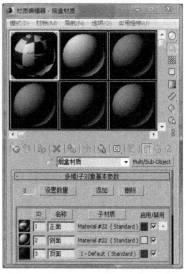

图 7-8-5　设置烟盒正面 ID1 子材质　　　　图 7-8-6　复制烟盒的子材质参数

　　(6) 单击 ID2 子材质进入 ID2 子材质面板，设置漫反射的颜色为深红色，单击转到父对象图标返回"多维/子对象基本参数"卷展栏，如图 7-8-7 所示。

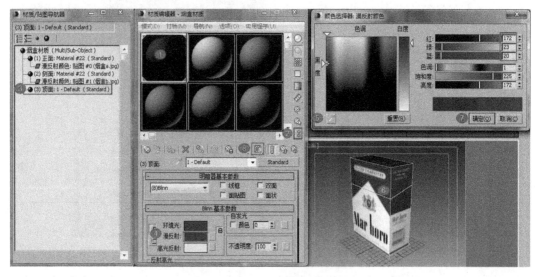

图 7-8-7　设置侧面 ID2 子材质

　　(7) 单击 ID3 子材质进入 ID3 子材质面板，"漫反射"后面的"M"按钮，表示漫反射贴图已经赋了位图，此位图是烟盒 A.JPG 文件贴图。由于 ID3 是烟盒顶面的子材质，因此只需要设置深红色颜色。在"M"按钮上单击鼠标右键，在弹出的选项中选择"清除"，在"漫反射"的色块上单击鼠标右键，在弹出的"颜色器：漫反射颜色"对话框中单击左下角的吸管图标，激活采样屏幕颜色图标后，在场景中烟盒正面贴图的红色区域单击鼠标颜色，ID3 的深红色就可以与烟盒正面的深红色相一致。最后单击转到父对象图标返回"多维/子对象基本参数"卷展栏，如图 7-8-8 所示。

图 7-8-8　设置顶面 ID3 子材质

(8) 此时"材质编辑器"的第一个样本材质球显示了 3 种图案：ID1 是烟盒正面材质，ID2 是烟盒侧面材质，ID3 是烟盒顶面材质，如图 7-8-9 所示。

图 7-8-9　烟盒的多维/子对象材质

(9) 选择摄像机视图，设置安全框，单击所有视图最大化图标；按 F10 键打开"渲染设置"对话框，选择"输出大小"为"800×600"像素，再单击"渲染"按钮，保存效果图。

(10) 依次单击 3ds Max 窗口左上角的"文件"→"归档"菜单命令，将设计结果归档为 .zip 后缀的压缩文件包。

模块 8　基　础　动　画

使用 3ds Max 可以为各种应用程序创建动画效果，比如为电脑游戏的角色和车辆制作动画，为电影和广播制作特殊效果，以及做医学插图和演示等。

8.1　时　钟　动　画

微课

1. 设计要求

(1) 整个动画由 101 帧构成，播放制式为 NTSC 制式。其间，秒针绕时钟中轴转动一圈，分针绕时钟中轴转动 6 度。

(2) 在顶视图中分别渲染第 0 帧、第 50 帧和第 100 帧，设置渲染输出为 800 × 600 像素，并保存渲染图，将文件归档，如图 8-1-1 所示。

图 8-1-1　时钟动画效果图

2. 设计过程

(1) 打开时钟.max 文件，场景中各物体名称为钟体、钟轴、时针、分针和秒针。所有物体均已设定材质，灯光及环境已设置好，如图 8-1-2 所示。

(2) 设置动画的播放制式与时长，单击屏幕右下方的时间配置图标 📷，在弹出的"时间配置"对话框中设置"帧速率"为"NTSC"制式，设置"动画"的"帧数"为 101，注意时间帧是 0～100 帧，如图 8-1-3 所示。

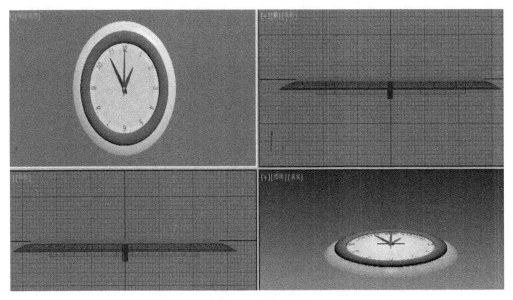

图 8-1-2 场景文件

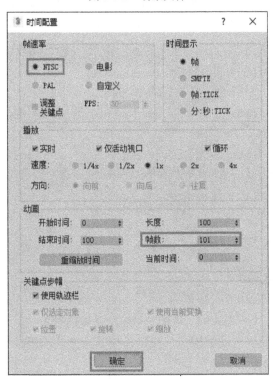

图 8-1-3 设置时间配置参数

(3) 在顶视图中选择秒针，单击右侧命令面板的层级选项图标 ，单击"仅影响轴"按钮，在工具栏中单击按名称选择图标 ，此时坐标显示为空心轴坐标形式。单击对齐图标 ，选择钟轴作为目标物体，在 X、Y 两个方向设置两个物体的轴心对齐，这里不需要调整 Z 轴方向，从而使空心轴坐标移至钟轴的轴心，如图 8-1-4 所示。

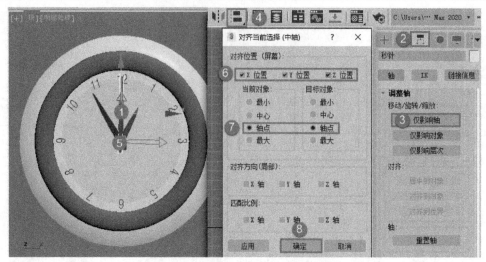

图 8-1-4　设置秒针轴心对齐时钟中轴

（4）在工具栏中单击按名称选择图标 ⬚，在顶视图中选择分针，单击对齐图标 ⬚，选择钟轴作为目标物体，在 X、Y 两个方向设置两个物体的轴点对齐，从而使空心轴坐标移至钟轴的轴心，单击"仅影响轴"按钮，退出轴心设置状态，如图 8-1-5 所示。

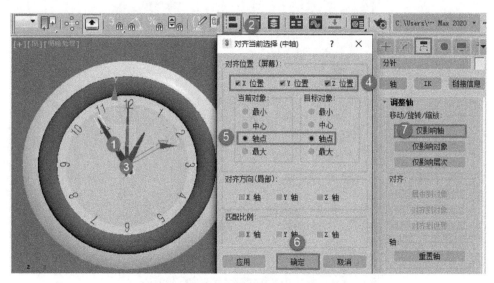

图 8-1-5　设置分针轴心对齐时钟中轴

（5）单击屏幕下方的"自动关键点"按钮，使其上方的动画帧变为深红色，进入动画帧控制阶段，如图 8-1-6 所示。

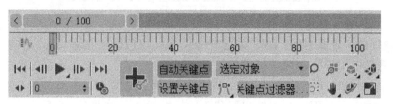

图 8-1-6　启用自动关键点

(6) 将控制动画的时间滑块从第 0 帧移至第 100 帧，用鼠标右键单击旋转图标 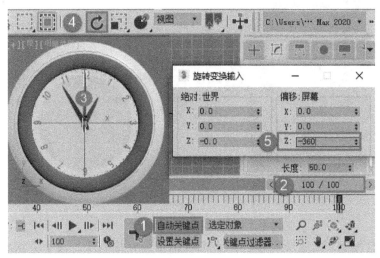，在弹出的对话框中，设置秒针在 Z 方向旋转−360 度，使秒针沿钟轴顺时针旋转 1 周，如图 8-1-7 所示。

图 8-1-7 设置秒针沿钟轴顺时针旋转 1 周

(7) 单击屏幕下方的播放动画图标 ▶，可以直接在顶视图中预览秒针旋转的动画，如图 8-1-8 所示。

图 8-1-8 预览秒针动画

(8) 单击按名称选择图标 ，选择分针，用鼠标右键单击旋转图标 ，在弹出的对话框中，设置分针在 Z 方向旋转 −6 度，使分针沿钟轴顺时针旋转。单击屏幕下方的播放动画图标，可以直接在顶视图中预览秒针绕时钟中轴转动一圈，分针绕时钟中轴转动 6 度的动画，如图 8-1-9 所示。

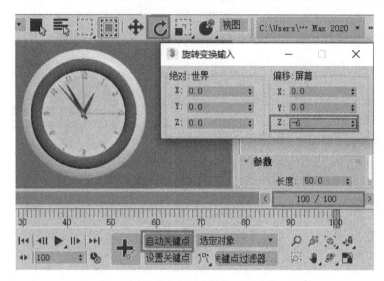

图 8-1-9　设置分针沿钟轴顺时针旋转 6 度

(9) 选择顶视图，设置安全框，单击所有视图最大化图标，按 F10 键打开"渲染设置"对话框，在"公用"参数的"帧"输入框中输入"0，50，100"，选择"输出大小"为"800×600"像素，单击"渲染输出"的"文件"按钮，在弹出的对话框中选择输出位置在桌面，文件名为 A.JPG，再单击"渲染"按钮，将会在桌面保存 A0001、A0002 和 A0003 的 .JPG 效果图文件。

(10) 依次单击 3ds Max 窗口左上角的"文件"→"归档"菜单命令，将设计结果归档为 .zip 后缀的压缩文件包。

8.2　石 磨 运 动

微 课

1. 设计要求

(1) 整个动画由 101 帧构成，播放制式为 NTSC 制式。其间，转动磨盘以自身的中心为轴心顺时针转动一周，驱动臂和手柄随转动磨盘转动而转动，并且，手柄在 0～50 帧逆时针自转 180 度，在 51～100 帧顺时针自转 180 度。

(2) 在 Camera01 视图中分别渲染第 0 帧、第 50 帧和第 90 帧，设置渲染输出为 800×600 像素，并保存渲染图，将文件归档，如图 8-2-1 所示。

图 8-2-1　石磨运动效果图

2. 设计过程

(1) 打开石磨.max 文件，场景中各物体名称是：磨底盘、磨底座、转动磨盘、磨盘驱动臂和手把。所有物体均已设定材质，灯光及环境已设置好，如图 8-2-2 所示。

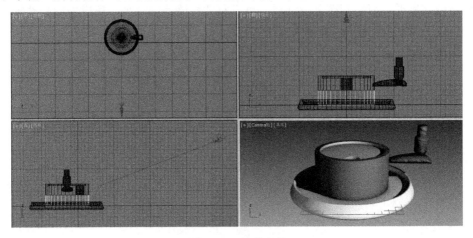

图 8-2-2　场景文件

(2) 先设置动画的播放制式与时长，单击屏幕右下方的时间配置图标 [图标]，在弹出的"时间配置"对话框中，设置"帧速率"为"NTSC"制式，设置"动画"的"帧数"为 101，注意时间帧是 0～100 帧，如图 8-2-3 所示。

(3) 在场景中选择转动的磨盘，即上面与手柄相连的磨盘部分，单击"自动关键点"按钮，时间帧变为深红色，将时间帧滚动条移动到第 100 帧，设置转动磨盘的动画，如图 8-2-4 所示。

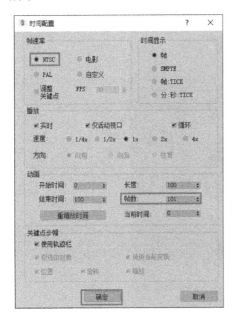

图 8-2-3　设置时间配置参数

图 8-2-4　打开自动关键点

(4) 选择工具栏的旋转图标，单击左键使该图标变为亮黄色，再单击右键，弹出"旋转变换输入"对话框，在"偏移：世界"的 Z 选项框中输入 −360，设置转动磨盘以自身的中心为轴心顺时针转动一周，如图 8-2-5 所示。

(5) 单击工具栏的图解视图图标，打开"图解视图"对话框，选择链接图标，在窗口中选中手柄文字框，将其链接到驱动臂，再将驱动臂链接到磨盘，完成手柄带动驱动臂，再带动磨盘的运动，如图 8-2-6 所示。

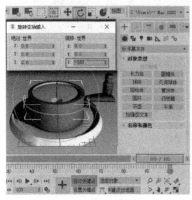

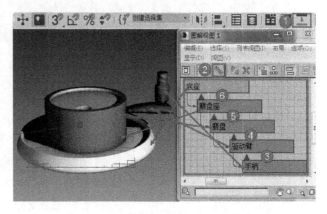

图 8-2-5　设置磨盘自转一周　　　　图 8-2-6　设置石磨运动各部件的链接关系

(6) 单击按名称选择图标，选择"手柄"，将时间帧滚动条移至第 50 帧，设置手柄的动画，选择工具栏的旋转图标，单击左键使该图标变为亮黄色，再单击右键，弹出"旋转变换输入"对话框，在"偏移：世界"的 Z 选项框中输入 −180，设置在 0～50 帧手柄顺时针自转 180 度，如图 8-2-7 所示。

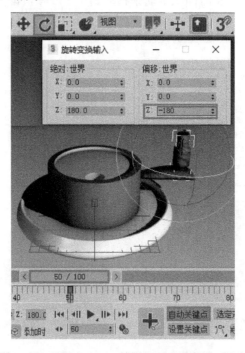

图 8-2-7　设置在 0～50 帧手柄顺时针自转 180 度

(7) 将时间帧放置在第 51 帧，在时间滑块上单击鼠标右键，在弹出的"创建关键点"对话框中单击"确定"按钮创建关键点，如图 8-2-8 所示。

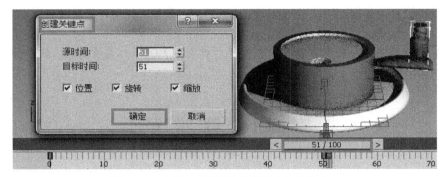

图 8-2-8 在第 51 帧创建手柄的自动关键点

(8) 将时间帧滚动条移至第 100 帧，设置手柄的动画。选择工具栏的旋转图标，单击左键使该图标变为亮黄色，再单击右键，弹出"旋转变换输入"对话框，在"偏移：世界"的 Z 选项框中输入 180，设置在 50～100 帧手柄逆时针自转 180 度，如图 8-2-9 所示。

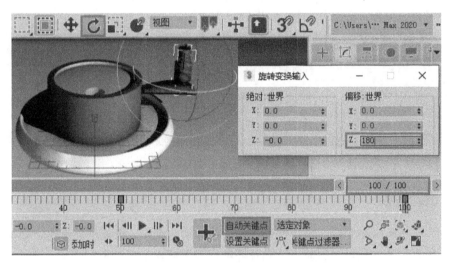

图 8-2-9 设置在 50～100 帧手柄逆时针自转 180 度

(9) 单击屏幕下方的播放动画图标，可以直接在摄像机视图中预览转动磨盘以自身的中心为轴心顺时针转动一周，驱动臂和手把随转动磨盘转动而转动，并且，在 0～50 帧手把逆时针自转 180 度，在 51～100 帧顺时针自转 180 度的动画，如图 8-2-10 所示。

图 8-2-10 预览石磨运动的动画效果

(10) 选择 Camera01 摄像机视图，设置安全框，单击所有视图最大化图标，按 F10 键打开"渲染设置"对话框，在"公用"选项卡的"帧"输入框中输入"0，50，90"，选择"输出大小"为"800×600"像素，单击"渲染输出"的"文件"按钮，在弹出的对话框中选择输出位置在桌面，文件名为 A.JPG，再单击"渲染"按钮，将会在桌面保存 A0001、A0002 和 A0003 的 .JPG 效果图文件。

(11) 依次单击 3ds Max 窗口左上角的"文件"→"归档"菜单命令，将设计结果归档为 .zip 后缀的压缩文件包。

8.3　石 碾 运 动

微 课

1. 设计要求

(1) 整个动画由 76 帧构成，播放制式为 PAL 制式。其间，中轴自转一周驱动横梁转动一周，横梁带动碾轮运动并且碾轮以横梁为轴心向前滚动 4 周。

(2) 在 Camera01 视图中分别渲染第 0 帧、第 30 帧和第 70 帧，设置渲染输出为 800×600 像素，并保存渲染图，将文件归档，如图 8-3-1 所示。

图 8-3-1　石碾运动效果图

2. 设计过程

(1) 打开石碾.max 文件，场景中各物体名称分别为底座、金属环、碾盘、碾轮、中轴和横梁。所有物体均已设定材质，灯光及环境已设置好，如图 8-3-2 所示。

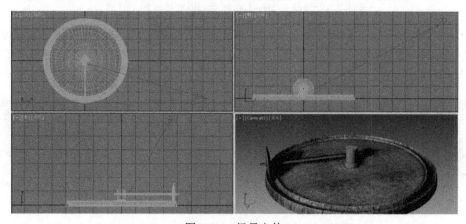

图 8-3-2　场景文件

(2) 先设置动画的播放制式与时长，单击屏幕右下方的时间配置图标，在弹出的"时间配置"对话框中，设置"帧速率"为"PAL"制式，设置"动画"的"帧数"为 76，注意时间帧是 0~75 帧，如图 8-3-3 所示。

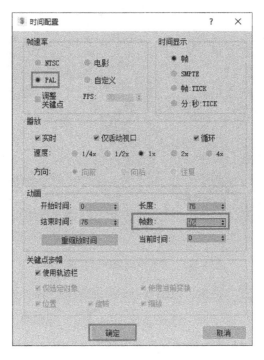

图 8-3-3　设置时间配置参数

(3) 选择摄像机视图，单击按名称选择图标，在"名称"选项中选择"中轴"，单击"自动关键点"按钮，时间帧变为深红色，将时间帧滚动条移动到第 75 帧，设置中轴的旋转动画，如图 8-3-4 所示。

图 8-3-4　激活"自动关键点"

(4) 选择工具栏的旋转图标 [ ]，单击鼠标左键使该图标变为亮黄色，再单击鼠标右键，弹出"旋转变换输入"对话框，在"偏移：世界"的 Z 选项框中输入-360，设置中轴自转一周，如图 8-3-5 所示。

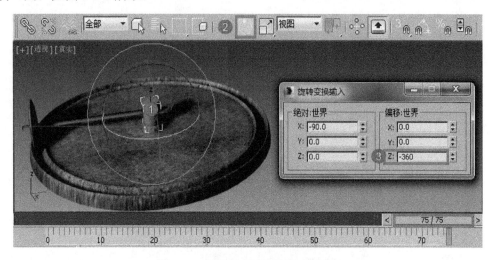

图 8-3-5　设置中轴顺时针自转一周

(5) 关闭"自动关键点"按钮，取消动画制作的激活状态，选择工具栏的图解视图图标 [ ]，打开"图解视图"对话框，选择链接图标 [ ]，分别将"底座"链接到"中轴"，"中轴"链接到"横梁"，"横梁"链接到"金属环"，"金属环"链接到"碾轮"，如图 8-3-6 所示。

(6) 单击"自动关键点"按钮使其再次激活，在摄像机视图中选择碾轮，将时间帧滚动条移至第 75 帧，设置碾轮的动画，如图 8-3-7 所示。

图 8-3-6　设置碾轮各部件的链接关系

图 8-3-7　移动时间滑块至最后一帧

(7) 选择工具栏的旋转图标 [ ]，单击左键使该图标变为亮黄色，再单击右键，弹出"旋转变换输入"对话框，在"偏移：世界"的 Y 轴选项框中输入-1440，设置碾轮以横梁为轴心向前滚动 4 周，如图 8-3-8 所示。

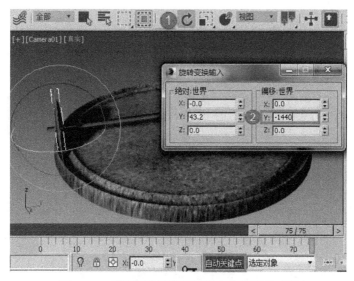

图 8-3-8 设置碾轮以横梁为轴心向前滚动 4 周

(8) 选择 Camera01 摄像机视图，设置安全框，单击所有视图最大化图标，按 F10 键打开"渲染设置"对话框，在"公用"选项卡的"帧"输入框中输入"0，30，75"，选择"输出大小"为"800×600"像素，单击"渲染输出"的"文件"按钮，在弹出的对话框中选择输出位置在桌面，文件名为 A.JPG，再单击"渲染"按钮。

(9) 依次单击 3ds Max 窗口左上角的"文件"→"归档"菜单命令，将设计结果归档为 .zip 后缀的压缩文件包。

8.4 文字渐显

微 课

1. 设计要求

(1) 整个动画由 76 帧构成，播放制式为 PAL 制式。其间，中文文字由左向右依次显示出来，整个画面中薄板物体不允许显示。

(2) 在 Camera01 视图中分别渲染第 0 帧、第 35 帧和第 75 帧，设置渲染输出为 800×600像素，如图 8-4-1 所示，并保存渲染图，将文件归档。

图 8-4-1 文字渐显效果图

2. 设计过程

(1) 打开云中漫步.max 文件，场景中各物体名称分别为中文文字和薄板物体。所有物体均已设定材质，灯光及摄像机已设置好，如图 8-4-2 所示。

图 8-4-2　场景文件

(2) 设置动画的播放制式与时长，单击屏幕右下方的时间配置图标 ，在弹出的"时间配置"对话框中设置"帧速率"为"PAL"制式，设置"动画"的"帧数"为 76，注意时间帧是 0～75 帧，如图 8-4-3 所示。

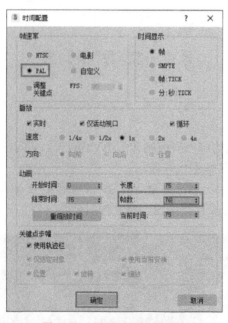

图 8-4-3　设置时间配置参数

(3) 单击材质编辑器图标 ▦，打开"材质编辑器"对话框，选择第 1 个材质样本球，单击"漫反射"后面的灰色小按钮，在弹出的"材质/贴图浏览器"对话框中选择"渐变坡度"贴图类型，再单击"确定"按钮，退出"材质/贴图浏览器"对话框，如图 8-4-4 所示。在"渐变坡度参数"中设置左边色标颜色为红色，中间为绿色，右边为蓝色。

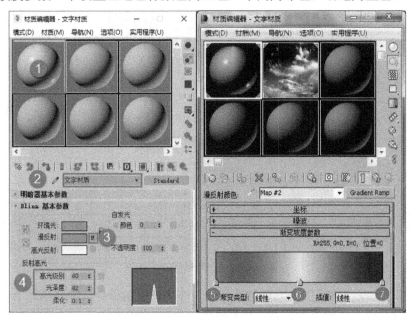

图 8-4-4　设置文字材质为渐变坡度

　　(4) 单击"自动关键点"按钮，时间帧变为深红色，将时间帧滚动条移动到第 75 帧，设置渐变坡度贴图的参数，将左边色标改为绿色，中间色标改为蓝色，右边色标改为红色，如图 8-4-5 所示。

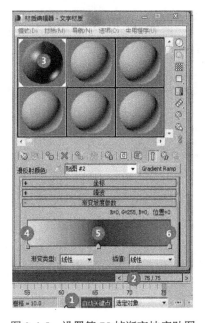

图 8-4-5　设置第 75 帧渐变坡度贴图

(5) 将第 1 个设置好的样本材质球拖放到场景中的文字对象上，选择摄像机视图后，单击播放动画图标，预览文字的颜色在 0～75 帧之间产生杂乱无章的动态变化，如图 8-4-6 所示。

图 8-4-6　预览渐变坡度材质动画

(6) 关闭"自动关键点"的动画记录按钮，在"材质编辑器"中选择另一个未使用过的材质样本球，单击"标准"按钮，在打开的"材质/贴图浏览器"对话框中选择"无光/投影"材质，该材质类型是一种特殊材质，在材质样本球中不会显示任何颜色和图案，如图 8-4-7 所示。

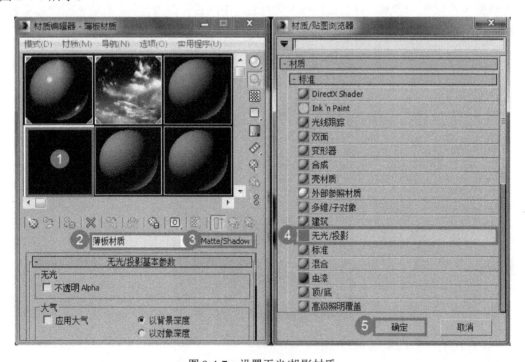

图 8-4-7　设置无光/投影材质

(7) 将该材质拖放到场景中的长方体对象上，单击快捷键 F9 渲染摄像机视图时，长方体消失不见，如图 8-4-8 所示。

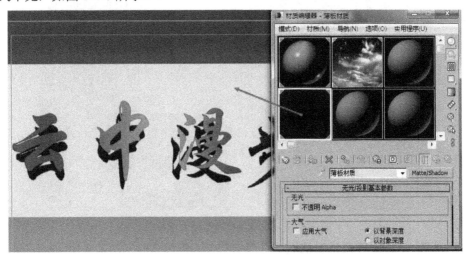

图 8-4-8　将无光/投影材质赋给薄板

(8) 下面设置长方体的动画。选择长方体对象，使用移动图标 ✥ 将其移动到文字的前面，并遮挡文字对象，此时按 F9 键渲染摄像机视图，可以看到场景中除了背景之外，没有任何对象，如图 8-4-9 所示。

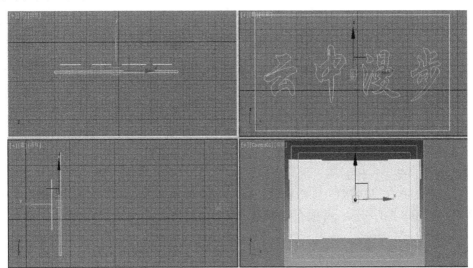

图 8-4-9　将薄板移至文字之前

(9) 单击"自动关键点"按钮，单击动画记录图标，使其变为深红色显示，将时间滑块定在第 75 帧位置，单击并激活移动图标 ✥，在前视图中将长方体对象从左向右移动，直到摄像机视图中的文字完全显示出来。关闭"自动关键点"，关闭动画记录按钮，到此整个动画设置基本完成，如图 8-4-10 所示。

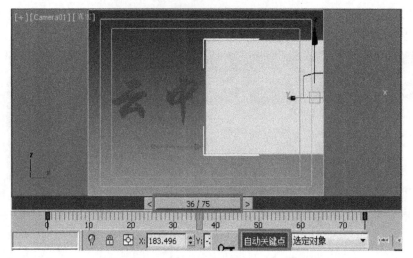

图 8-4-10　设置薄板向右移动的动画

(10) 选择 Camera01 摄像机视图，设置安全框，单击所有视图最大化图标，按 F10 键打开"渲染设置"对话框，在"公用"选项卡的"帧"输入框中输入"0，35，75"，选择"输出大小"为"800×600"像素，单击"渲染输出"的"文件"按钮，在弹出的对话框中选择"输出位置"在"桌面"，文件名为 A.JPG，单击"渲染"按钮。

(11) 依次单击 3ds Max 窗口左上角的"文件"→"归档"菜单命令，将设计结果归档为 .zip 后缀的压缩文件包。

8.5　弹　跳　球

微　课

1. 设计要求

(1) 整个动画由 121 帧构成，播放制式为 NTSC 制式。其间，小球绕着环形路面作重复性的弹跳运动，在 0～10 帧小球由原地向上弹起约 80 个单位，至 20 帧落回地面，完成一个弹跳周期，整个过程循环 6 次。

(2) 在 Camera01 视图中分别渲染第 0 帧、第 50 帧和第 100 帧，设置渲染输出为 800×600 像素，如图 8-5-1 所示，并保存渲染图，将文件归档。

(a) 弹跳球第 0 帧动画　　　　(b) 弹跳球第 50 帧动画　　　　(c) 弹跳球第 100 帧动画

图 8-5-1　弹跳球第 0、50、100 帧效果图

2. 设计过程

(1) 打开弹跳球.max 文件，场景中各物体名称分别为弹跳球、地面、环形路面和圆形轨迹，如图 8-5-2 所示。

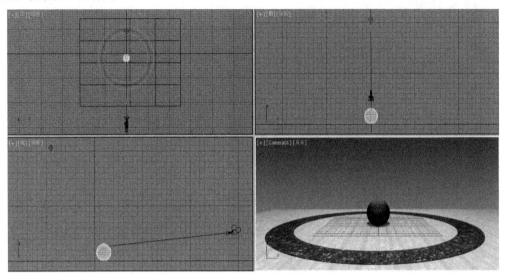

图 8-5-2 场景文件

(2) 单击时间配置图标 ，打开"时间配置"对话框，设置"帧速率"为"NTSC"制式，并在对话框中更改"动画"的"帧数"为 121，如图 8-5-3 所示。

图 8-5-3 设置时间配置参数

(3) 先创建一个虚拟物体，依次单击创建→辅助对象→虚拟对象图标，在顶视图圆形轨迹上创建一个虚拟物体，命名为"虚拟物体"，如图 8-5-4 所示。

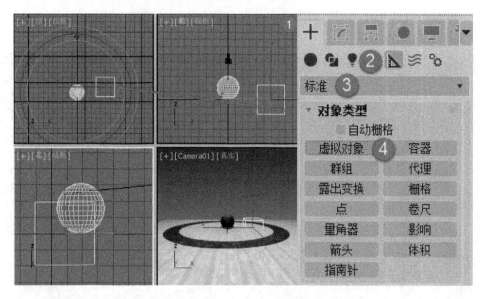

图 8-5-4　创建虚拟物体

(4) 选择场景中的虚拟物体"Dummy001"，单击右侧命令面板的运动图标，启用动画命令面板项，在"指定控制器"卷展栏中选择"位置"，单击其上的指定控制器图标，在弹出的"指定位置控制器"对话框中选择"路径约束"选项，然后单击"确定"按钮，如图 8-5-5 所示。

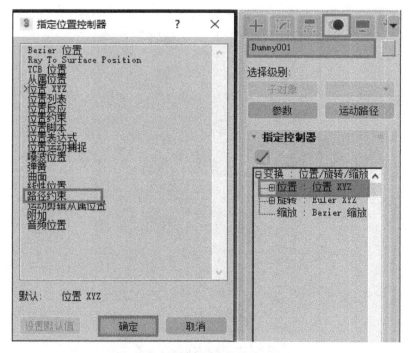

图 8-5-5　设置虚拟物体的路径约束

(5) 单击右侧命令面板中的"添加路径"按钮，在场景中单击圆形轨迹，此时虚拟物体移到圆形轨迹线上，完成虚拟物体沿圆形轨迹路径的约束运动，如图 8-5-6 所示。

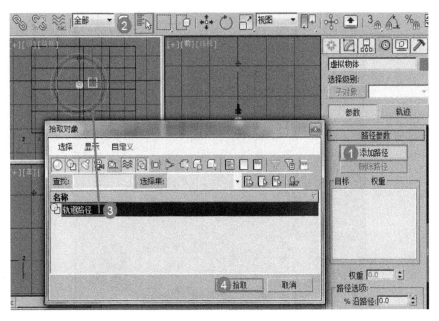

图 8-5-6　将虚拟物体约束到圆形轨迹路径

(6) 退出"添加路径"设置，单击移动图标，将"轨道路径"向地面上移动，直到虚拟物体可以放在地面之上，将弹跳球放置在虚拟物体中心，如图 8-5-7 所示。

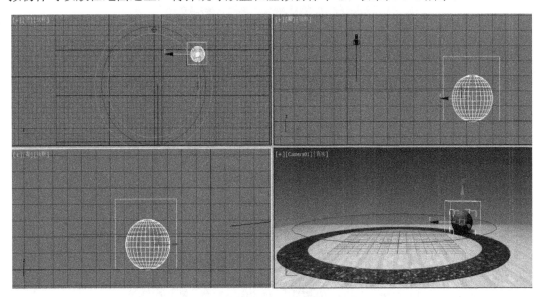

图 8-5-7　将弹跳球放置在虚拟物体中心

(7) 选择工具栏的图解视图图标，打开"图解视图"对话框，在"图解视图"对话框的工具栏中选择链接图标，将"弹跳球"链接到"虚拟物体"文字框下，使弹跳球跟随虚拟物体一起运动，如图 8-5-8 所示。

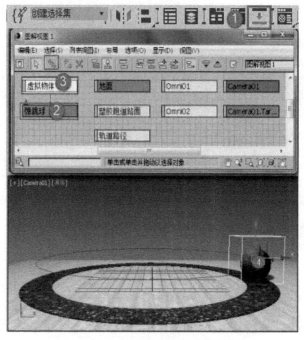

图 8-5-8　设置弹跳球链接到虚拟物体

(8) 关闭"图解视图"，单击右下角的播放图标，在摄像机视图中观看弹跳球运动动画，此时弹跳球还不能上下跳动，只能沿圆形轨迹运动，如图 8-5-9 所示。

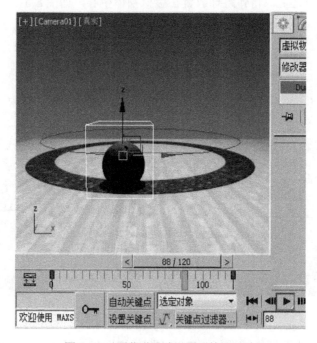

图 8-5-9　预览弹跳球沿圆形轨迹运动

(9) 单击"自动关键点"按钮，将其上的轨迹滑块调至第 10 帧，在摄像机视图中将弹跳球向上移动 80 个单位，或用鼠标右键单击移动图标，在弹出的对话框中，设置 Z 轴数值为 80，完成弹跳球向上弹跳 80 个单位的设置，如图 8-5-10 所示。

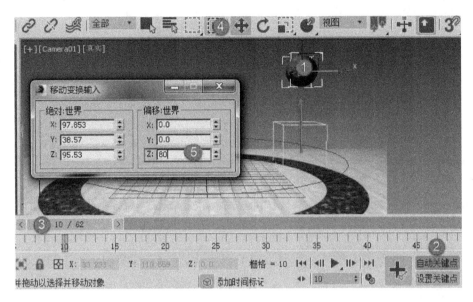

图 8-5-10 制作弹跳球向上弹跳的动画

(10) 将轨迹滑块移至第 20 帧，将弹跳球向下移动 80 个单位，打开"移动变换输入"对话框，设置 Z 轴数值为 -80，完成弹跳球向下弹跳 80 个单位的设置。拖动动画帧滚动条，可以看到在摄像机视图中，第 0~10 帧小球由原地向上弹起 80 个单位，到 20 帧小球落回到地面，如图 8-5-11 所示。

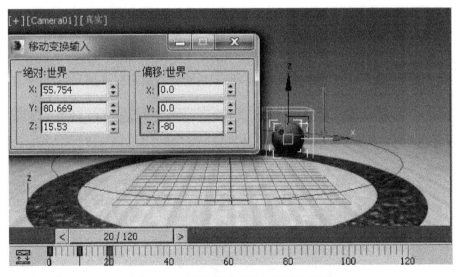

图 8-5-11 制作弹跳球跳回原地的动画

(11) 单击工具栏中的曲线编辑器图标，展开左侧窗口"对象"下的"弹跳球"前的"+"符号，在扩展项中选择"位置"，在右侧轨迹窗口将出现一条曲线，如图 8-5-12 所示。

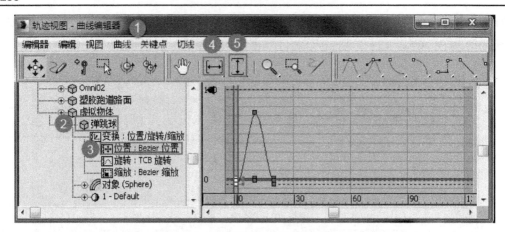

图 8-5-12　打开曲线编辑器设置弹跳球位置百分比

（12）分别框选曲线上的两个点，使用将切线设置为线性图标，将两个点的运动状态都设为匀速，如图 8-5-13 所示。

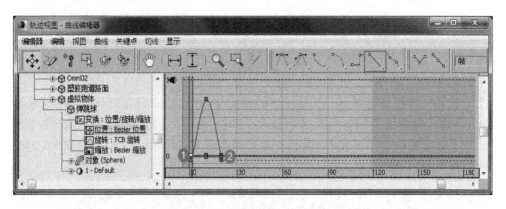

图 8-5-13　设置运动状态为匀速

（13）单击"轨迹视图"对话框工具栏的参数曲线超出范围类型图标，在弹出的对话框中，选择"循环"选项，使弹跳球实现循环跳跃运动，如图 8-5-14 所示。

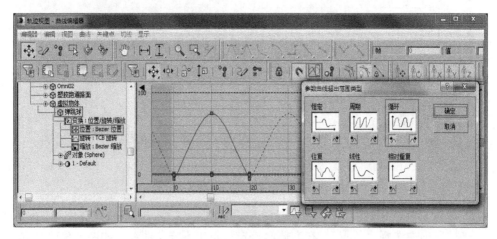

图 8-5-14　设置弹跳球循环运动

(14) "轨迹视图"对话框中的轨迹线在 0～120 帧范围内复制了 6 个，使弹跳球在整个过程中循环 6 次，如图 8-5-15 所示。

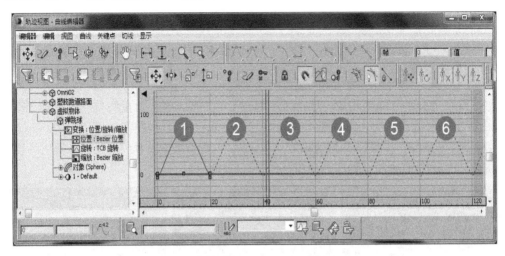

图 8-5-15 弹跳球轨迹线在 0～120 帧范围内复制了 6 个

(15) 选择摄像机视图，单击转至开头图标，再单击播放图标，小球绕着环形路面作重复性的弹跳运动，在 0～10 帧小球由原地向上弹起约 80 个单位，至 20 帧落回到地面，完成一个弹跳周期，在整个过程中循环 6 次，如图 8-5-16 所示。

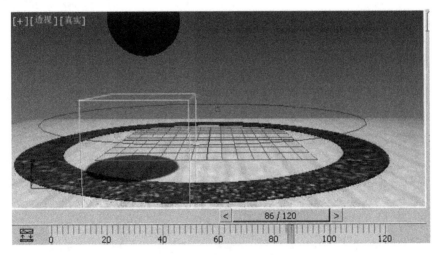

图 8-5-16 预览弹跳球动画

(16) 选择 Camera01 摄像机视图，设置安全框，单击所有视图最大化图标，按 F10 键打开"渲染设置"对话框，在"公用"选项卡的"帧"输入框中输入"0，50，100"，选择"输出大小"为"800×600"像素，单击"渲染输出"的"文件"按钮，在弹出的对话框中选择输出位置在桌面，文件名为 A.JPG，单击"渲染"按钮，将会在桌面保存 A0001、A0002 和 A0003 的.JPG 效果图文件，在 Camera01 分别渲染第 0 帧、第 50 帧和 100 帧。

(17) 依次单击 3ds Max 窗口左上角"文件"→"归档"菜单命令，将设计结果归档为 .zip

后缀的压缩文件包。

8.6　天 体 运 动

1. 设计要求

(1) 整个动画由 251 帧构成，播放制式为 PAL 制式。其间，恒星绕自身轴自转 360 度，行星沿行星轨迹运动一周，卫星沿卫星轨迹运动三周，并且卫星自转 360 度。

(2) 在 Camera01 视图中分别渲染第 0 帧、第 80 帧和第 200 帧，设置渲染输出为 800 × 600 像素，并保存渲染图，如图 8-6-1 所示，将文件归档。

(a) 天体运动第 0 帧动画　　(b) 天体运动第 80 帧动画　　(c) 天体运动第 200 帧动画

图 8-6-1　天体运动第 0、80、200 帧效果图

2. 设计过程

(1) 打开天体运动.max 文件，场景中各物体名称分别为恒星、行星、卫星、行星轨迹和卫星轨迹。所有物体均已设定材质，灯光及摄像机已设置好，如图 8-6-2 所示。

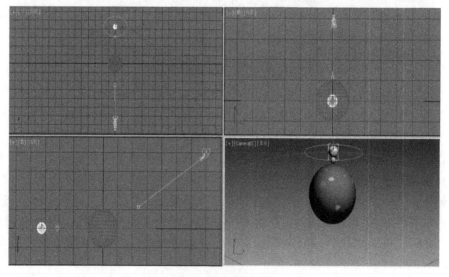

图 8-6-2　场景文件

(2) 单击时间配置图标 ▦，打开"时间配置"对话框，设置"帧速率"为"PAL"制式，并更改"帧数"为 251 帧，如图 8-6-3 所示。

(3) 选择场景中的行星，单击右侧命令面板的运动图标 ◎，启用动画命令面板选项，在"指定控制器"选项中，选择"位置"，单击其上的指定控制器图标，在弹出的"指定位置控制器"对话框中选择"路径约束"选项，如图 8-6-4 所示。

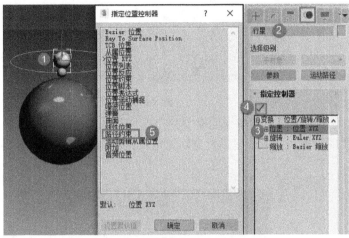

图 8-6-3　设置时间配置参数　　　　图 8-6-4　设置行星路径约束动画

(4) 单击右侧命令面板中的"添加路径"按钮，在场景中单击行星轨迹，再单击"添加路径"按钮，取消添加路径的设置，完成行星沿行星轨迹运动的约束路径，如图 8-6-5 所示。

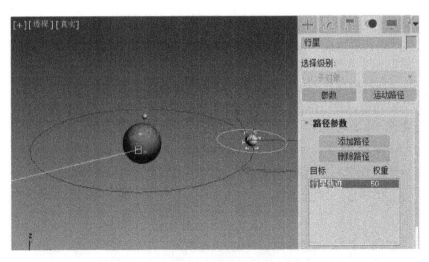

图 8-6-5　将行星运动路径绑定到行星轨迹

(5) 再选择卫星，单击右侧命令面板的运动图标 ◎，启用动画命令面板选项，在"指定控制器"选项中选择"位置"，单击其上的"指定控制器"图标，在弹出的"指定位置控制器"对话框中选择"路径约束"选项，如图 8-6-6 所示。

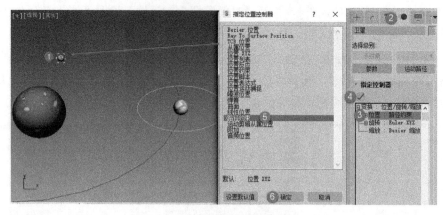

图 8-6-6　设置卫星路径约束动画

（6）单击右侧命令面板中的"添加路径"按钮，在场景中单击行星轨迹，取消添加路径的设置，完成卫星沿自身轨迹运动的约束路径，如图 8-6-7 所示。

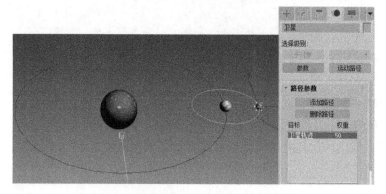

图 8-6-7　将卫星运动路径绑定到卫星轨迹

（7）现在开始设置恒星绕自身轴自转 360 度。在顶视图中选择恒星，单击"自动关键点"按钮，时间帧变为深红色，将时间帧滚动条移至第 250 帧。

（8）选择工具栏的旋转图标，单击左键使该图标变为亮黄色，再单击右键，弹出"旋转变换输入"对话框，在"偏移：世界"的 Z 选项中输入-360，设置恒星绕自身轴顺时针转动一周，如图 8-6-8 所示。

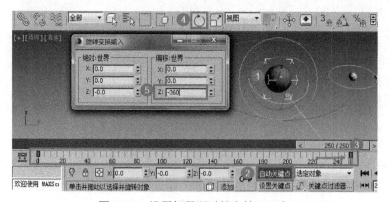

图 8-6-8　设置恒星顺时针自转 360 度

(9) 在顶视图中选择行星，在"旋转变换输入"对话框的"偏移：世界"的 Z 选项中输入-360，设置行星绕自身轴顺时针转动一周，如图 8-6-9 所示。

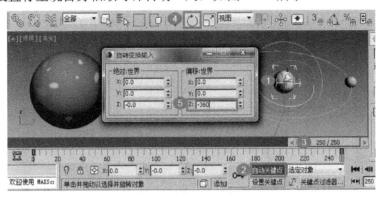

图 8-6-9 设置行星绕自身轴顺时针转动一周

(10) 在顶视图中选择卫星，在"旋转变换输入"对话框的"偏移：世界"的 Z 选项中输入-360，设置卫星绕自身轴顺时针转动一周，如图 8-6-10 所示。

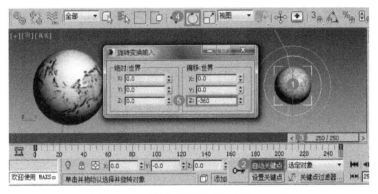

图 8-6-10 设置卫星顺时针自转 360 度

(11) 单击工具栏中的曲线编辑器图标，展开左侧窗口"对象"下的"卫星"前的"+"符号，在扩展项中选择"位置"→"百分比"，在右侧轨迹窗口将出现一条曲线，如图 8-6-11 所示。

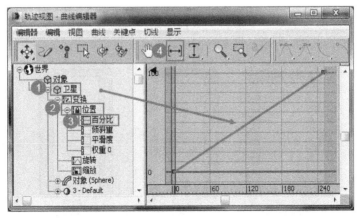

图 8-6-11 在曲线编辑器中定义卫星位置百分比

(12) 选择结束点，设置结束点的位置百分比参数为 300，使卫星绕卫星轨迹运动 3 周，如图 8-6-12 所示。

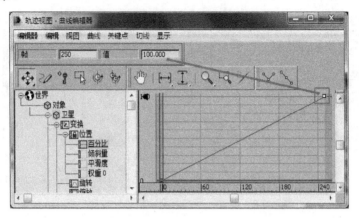

图 8-6-12 设置卫星结束点的位置百分比参数为 300

(13) 选择 Camera01 摄像机视图，设置安全框，单击所有视图最大化图标，按 F10 键打开"渲染设置"对话框，在"公用"选项卡的"帧"输入框中输入"0，80，200"，选择"输出大小"为"800×600"像素，单击"渲染输出"的"文件"按钮，在弹出的对话框中选择输出位置在桌面，文件名为 A.JPG，单击"渲染"按钮，将会在桌面保存 A0000、A0080 和 A0200 的 .JPG 效果图文件，在 Camera01 视图中分别渲染第 0 帧、第 80 帧和第 200 帧。

(14) 依次单击 3ds Max 窗口左上角的"文件"→"归档"菜单命令，将设计结果归档为 .zip 后缀的压缩文件包。

8.7 钟摆运动

微课

1. 设计要求

(1) 整个动画由 121 帧构成，播放制式为 NTSC 制式。其间，0~60 帧钟摆臂带动钟摆锤摆动一个来回，整个动画循环 2 次。

(2) 在前视图中分别渲染第 0 帧、第 45 帧和第 90 帧，设置渲染输出为 800×600 像素，并保存渲染图，如图 8-7-1 所示，将文件归档。

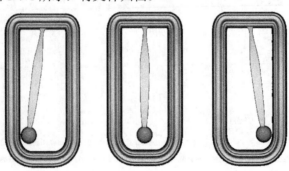

图 8-7-1 钟摆运动第 0、45、90 帧效果图

2. 设计过程

(1) 打开钟摆.max 文件，场景中各物体名称分别为钟摆架、钟摆臂、钟摆锤。所有物体均已设定材质，灯光及摄像机已设置好，如图 8-7-2 所示。

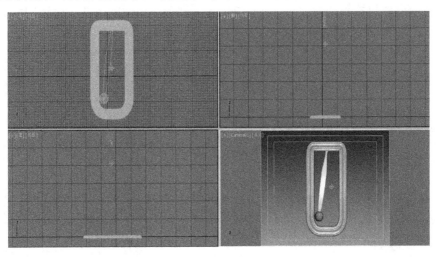

图 8-7-2 场景文件

(2) 单击时间配置图标 ，打开"时间配置"对话框，设置"帧速率"为"PAL"制式，并在对话框中更改"动画"的"帧数"为 121，如图 8-7-3 所示。

(3) 首先设置钟摆锤从属于钟摆臂，单击工具栏中的图解视图图标，打开"图解视图"对话框，在"图解视图"对话框的工具栏中选择链接图标，使钟摆臂带动钟摆锤一起运动，如图 8-7-4 所示。

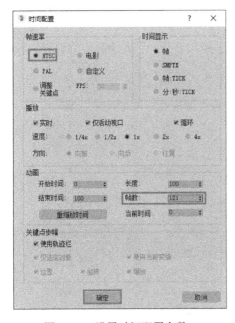

图 8-7-3 设置时间配置参数

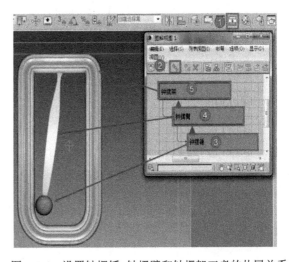

图 8-7-4 设置钟摆锤、钟摆臂和钟摆架三者的从属关系

(4) 关闭"图解视图"对话框，单击按名称选择图标，选择顶视图的钟摆臂，单击右侧命令面板的层级选项卡，单击"仅影响轴"按钮，此时坐标显示为空心轴坐标形式，单击移动图标，将空心坐标移到钟摆臂上端轴心，单击"仅影响轴"按钮，退出轴心设置状态，如图 8-7-5 所示。

(5) 现在开始设置钟摆臂向左旋转摆动。在顶视图中选择钟摆臂，单击"自动关键点"按钮，时间帧变为深红色，将时间帧滚动条移至第 30 帧，如图 8-7-6 所示。

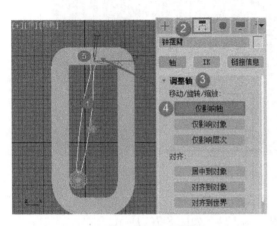

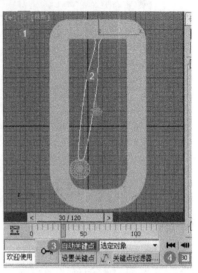

图 8-7-5　移动并调整钟摆臂轴心　　　　　　　　图 8-7-6　设置第 30 帧关键帧

(6) 选择工具栏的旋转图标，单击左键使该图标变为亮黄色，在顶视图中将钟摆臂向右旋转一定的角度，注意位置不要超过钟摆架，如图 8-7-7 所示。

(7) 将时间帧滚动条移至第 60 帧，在顶视图中将钟摆臂向左旋转一定的角度，注意位置不要超过钟摆架，如图 8-7-8 所示。

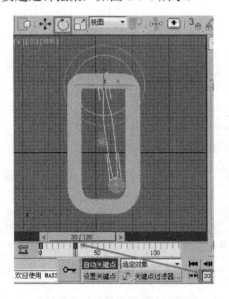

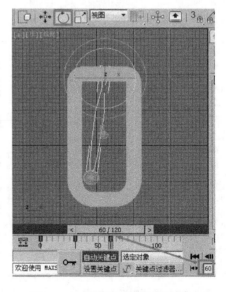

图 8-7-7　制作钟摆臂右摆动画　　　　　　　　图 8-7-8　制作钟摆臂左摆动画

(8) 单击工具栏中的曲线编辑器图标，展开左侧窗口"对象"下的钟摆臂前的"+"符号，在扩展项中选择"旋转"，在右侧轨迹窗口并不会出现轨迹线，如图 8-7-9 所示。

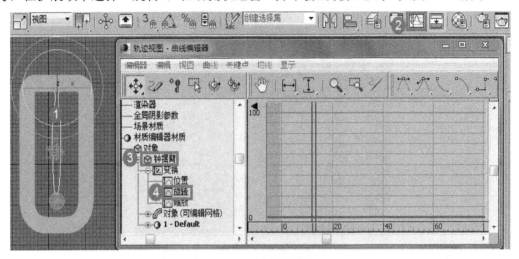

图 8-7-9 打开曲线编辑器

(9) 单击"轨迹视图"对话框工具栏的参数曲线超出范围类型图标，在弹出的对话框中，选择"往复"选项，使钟摆臂带动钟摆锤来回摆两个循环，如图 8-7-10 所示。

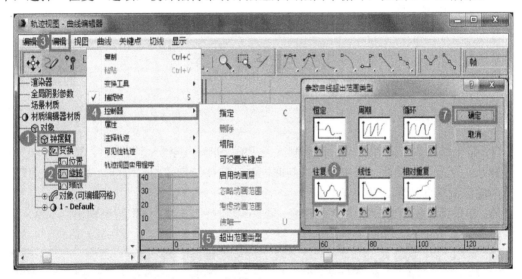

图 8-7-10 设置钟摆臂带动钟摆锤来回摆两个循环

(10) 选择顶视图，单击播放图标，可以预览 0~60 帧钟摆臂带动钟摆锤摆动一个来回，整个动画循环 2 次，如图 8-7-11 所示。

(11) 在顶视图设置安全框，单击所有视图最大化图标，按 F10 键打开"渲染设置"对话框，在"公用"选项卡的"帧"输入框中输入"0，45，90"，选择"输出大小"为"800×600"像素，单击"渲染输出"的"文件"按钮，在弹出的对话框中选择输出位置在桌面，文件名为 A.JPG，单击"渲染"按钮，将会在桌面保存 A000、A045 和 A090 的 .JPG 效果图文件，在顶视图中分别渲染第 0 帧、第 45 帧和 90 帧。

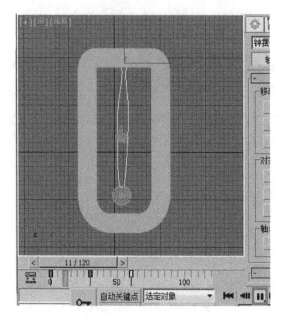

图 8-7-11　预览钟摆运动动画

(12) 依次单击 3ds Max 窗口左上角的"文件"→"归档"菜单命令,将设计结果归档为 .zip 后缀的压缩文件包。

8.8　爆　炸　球

微　课

1. 设计要求

(1) 整个动画由 126 帧构成,播放制式为 PAL 制式。其间,球体自转 360 度,0~50 帧导弹从右下方飞入画面,击中球体,与此同时,球体与导弹同时爆炸,爆炸产生的碎片受重力的影响落向地面。

(2) 在摄像机视图中分别渲染第 0 帧、第 60 帧和第 125 帧,设置渲染输出为 800×600 像素,并保存渲染图,如图 8-8-1 所示,将文件归档。

(a) 爆炸球第 0 帧动画　　　　　(b) 爆炸球第 60 帧动画　　　　　(c) 爆炸球第 125 帧动画

图 8-8-1　弹跳球第 0、60、125 帧效果图

2. 设计过程

(1) 打开爆炸球.max 文件，场景中各物体名称是：球体和导弹。所有物体均已设定材质，灯光及摄像机已设置好，如图 8-8-2 所示。

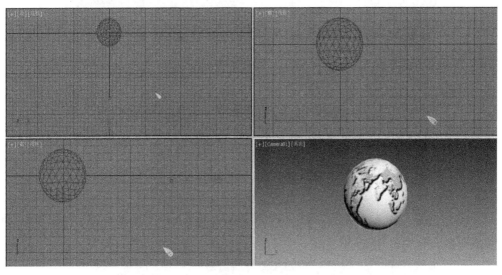

图 8-8-2 场景文件

(2) 单击时间配置图标 🔣，打开"时间配置"对话框，设置"帧速率"为"PAL"制式，并在对话框中更改"帧数"为 126 帧，如图 8-8-3 所示。

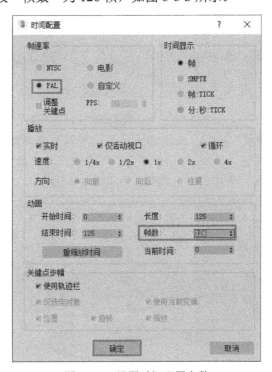

图 8-8-3 设置时间配置参数

(3) 打开"自动关键点"动画记录器，将时间滑块拖到最后一帧(第 125 帧)，选择旋转图标，在顶视图中使球体绕着 Z 轴顺时针旋转 360 度，如图 8-8-4 所示。

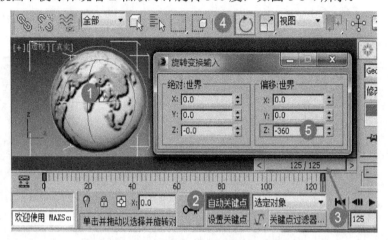

图 8-8-4　设置球体顺时针自转一圈

(4) 激活透视图，单击播放图标，可以预览到球体在 0～125 帧自转了 360 度，如图 8-8-5 所示。

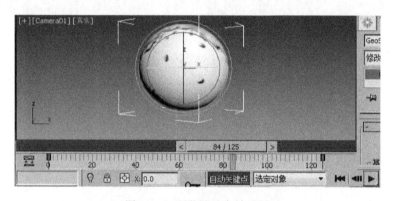

图 8-8-5　预览地球自转动画

(5) 单击"自动关键点"按钮，关闭动画记录，创建一个爆炸物体，单击创建→空间扭曲图标，再单击下拉按钮，选择"几何/可变形"选项，在"对象类型"中单击"爆炸"按钮，在球体的中间建立一个空间变形物体，如图 8-8-6 所示。

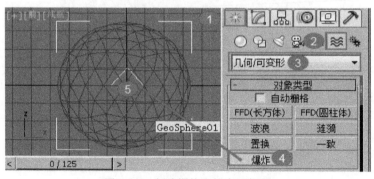

图 8-8-6　创建爆炸空间变形物体

(6) 单击工具栏上的绑定到空间扭曲图标,在顶视图中先点选该变形物体,移动鼠标,这时会带出一根虚线,将鼠标移到球体上单击左键,球体闪烁一下,完成施加绑定的操作,如图 8-8-7 所示。

(7) 现在单击播放图标,可以看到球体在第 5 帧处即产生爆炸,效果不好,这是因为目前是按爆炸默认参数设定的,如图 8-8-8 所示。

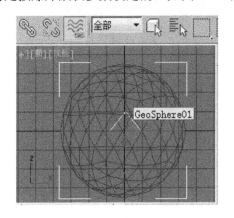
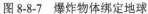
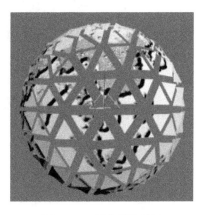

图 8-8-7 爆炸物体绑定地球 　　　　图 8-8-8 预览爆炸效果

(8) 选择空间变形物体,进入修改面板,设置"爆炸参数"中的"强度"为 1.2,"自旋"为 10,"分形大小"中"最小值"为 1,"最大值"为 3,"常规"中"重力"为 0.3,"混乱"为 10,"起爆时间"为 50。再次打开"自动关键点"的动画记录按钮,将动画时间帧滑块拖至第 50 帧处,移动飞弹到球体边缘。现在单击播放图标,预览的球体爆炸效果好多了,如图 8-8-9 所示。

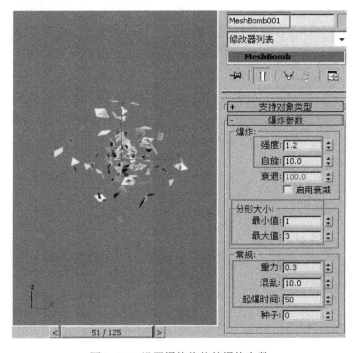

图 8-8-9 设置爆炸物体的爆炸参数

(9) 选择场景中的导弹，打开"自动关键点"的动画记录按钮，将时间滑块移动到第 50 帧，把导弹拖至球体内部，如图 8-8-10 所示。

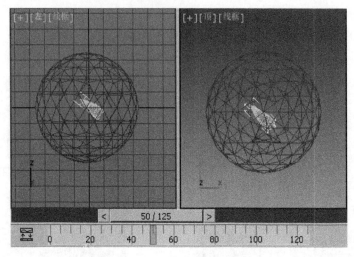

图 8-8-10　导弹第 50 帧位置

(10) 单击轨迹视图→曲线编辑器图标，在弹出的"轨迹视图-曲线编辑器"对话框中，单击"添加可见性轨迹"工具图标，添加可见性轨迹，如图 8-8-11 所示。

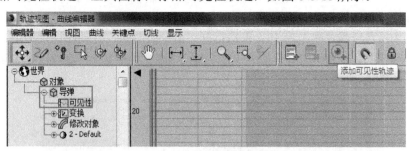

图 8-8-11　添加可见性轨迹

(11) 单击"轨迹视图"工具栏中的增加关键帧图标，在导弹的可见性轨迹线的第 50 帧增加一个关键帧，设置第 50 帧可见性坐标值为 1，表示导弹可见，如图 8-8-12 所示。

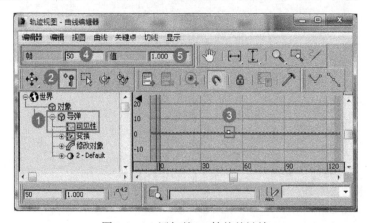

图 8-8-12　添加第 50 帧的关键帧

(12) 在导弹的可见性轨迹线的第 51 帧增加一个关键帧，在第 51 帧可见性坐标值为 0，表示导弹消失，如图 8-8-13 所示。

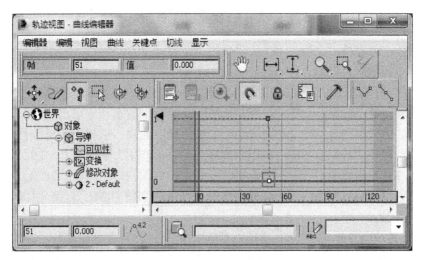

图 8-8-13　添加第 51 帧的关键帧

(13) 选择 Camera01 摄像机视图，设置安全框，单击所有视图最大化图标，按 F10 键打开"渲染设置"对话框，在"公用"选项卡的"帧"输入框中输入"0，60，125"，选择"输出大小"为"800×600"像素，单击"渲染输出"的"文件"按钮，在弹出的对话框中选择输出位置在桌面，文件名为 A.JPG，单击"渲染"按钮，将会在桌面保存 A0001、A0002 和 A0003 的 .JPG 效果图文件，在 Camera01 视图中分别渲染第 0 帧、第 60 帧和 125 帧。

(14) 依次单击 3ds Max 窗口左上角的"文件"→"归档"菜单命令，将设计结果归档为 .zip 后缀的压缩文件包。

参 考 文 献

[1] 布克科技，谭雪松，文静，等. 从零开始 3ds Max 2020 中文版基础教程[M]. 北京：人民邮电出版社，2021.

[2] 唯美世界，曹茂鹏. 3ds Max 2020 完全案例教程[M]. 北京：中国水利水电出版社，2020.

[3] 骆驼在线课堂. 3ds Max 2020 实用教程[M]. 北京：中国水利水电出版社，2022.

[4] 梁秀娟，胡仁喜. 3ds Max 2020 标准实例教程[M]. 北京：机械工业出版社，2022.

[5] 宋晓明，林楠. 3ds Max 2020 案例教程[M]. 北京：清华大学出版社，2021.

[6] 耿晓武. 3ds Max 2020 从入门到精通[M]. 北京：中国铁道出版社，2020.

[7] 唯美世界. 3ds Max 2020 + VRay 效果图制作从入门到精通[M]. 北京：中国水利水电出版社，2020.

[8] 江奇志. 中文版 3ds Max 2020 基础教程[M]. 北京：北京大学出版社，2022.

[9] 任媛媛. 中文版 3ds Max 2020 基础培训教程[M]. 北京：人民邮电出版社，2022.

[10] 李敏娟. 3ds Max 2022 中文版完全自学一本通[M]. 北京：电子工业出版社，2022.